上海海事大学学术著作出版基金资助

无线多输入多输出通信系统预编码理论与设计

耿 烜 编著

上海浦江教育出版社

图书在版编目(CIP)数据

无线多输入多输出通信系统预编码理论与设计 / 耿烜编著. — 上海:上海浦江教育出版社有限公司,2013.8
ISBN 978-7-81121-286-0

Ⅰ. ①无… Ⅱ. ①耿… Ⅲ. ①无线通信道—信道编码 Ⅳ. ①TP84②TN911.22

中国版本图书馆 CIP 数据核字(2013)第 154921 号

上海浦江教育出版社出版
社址:上海海港大道 1550 号上海海事大学校内 邮政编码:201306
电话:(021)38284910/12(发行) 38284923(总编室) 38284916(传真)
E-mail:cbs@shmtu.edu.cn URL:http://www.pujiangpress.cn
上海双宁印刷有限公司印装 上海浦江教育出版社发行
幅面尺寸:185 mm×260 mm 印张:6.25 字数:156 千字
2013 年 8 月第 1 版 2013 年 8 月第 1 次印刷
责任编辑:唐风文 丁 慧 封面设计:赵宏义
定价:33.00 元

前　言

随着无线通信技术的快速发展，未来移动通信系统将提供比现有系统更高的传输速率、更好的传输质量、更大的系统容量，并且能够满足多种业务的服务质量（QoS）需求。在频谱资源有限和传播信道恶劣的条件下，系统设计要求非常高的频谱利用率和链路可靠性。多输入多输出（Multiple-Input Multiple-Output，MIMO）系统能够提供空间复用增益和空间分集增益，满足系统设计的高要求，已成为下一代移动通信系统的框架性结构，并被写入长期演进（Long Term Evolution，LTE）技术标准中。

在 MIMO 下行链路系统中，基站向多个用户或者具有多天线的单用户同时发送基站信号，称为空分复用，它可以极大地增强系统容量，提高信息传输速率。但是，由于多用户、多天线之间的干扰，也容易造成共信道干扰（Co-Channel Interference，CCI），使得移动台接收到的有用信号受到其他用户或者天线信号的干扰。由于基站比移动台具有更强的信号处理能力，并且能够获得估计的信道状态信息（Channel State Information，CSI），因此可以通过基站对发射信号进行优化设计，在发射端消除或减少 CCI，使每个移动台在理论上能够接收到不受其他用户干扰的信号，实现空分多址（Space Division Mutiple Access，SDMA），保证数据的可靠接收，这一技术称为预编码技术。在保证空分复用获得的容量前提下，使用预编码技术可以在基站端预消除 CCI，提高数据接收的可靠性，对于发挥 MIMO 系统的优势具有重要的意义。因此，预编码技术是 MIMO 系统的关键技术之一，也是近年来移动通信研究的热点问题。

作者调研了国内外已有的科研成果，阅读了大量的参考文献，根据不同准则对预编码技术进行了分类，系统、全面地对预编码理论进行了概述，并对主流方法进行了详细的理论阐述和分析，其中大量运用数学公式结合算法框图的描述方法。在此基础上，对已有的技术进行了改进和创新，分别研究了发射端已知理想 CSI 和非理想 CSI 的预编码的改进方法。针对理想 CSI 的预编码，主要内容包括对不同格基规约预编码算法适用的环境分析，根据实际量化误差的概率分布提出了可调量化误差的矢量预编码，以及结合几何均值分解的矢量预编码方法，其设计目的在于改进已有算法的性能，提高系统性能。针对非理想 CSI 的预编码，则主要包括了最小化均方误差的鲁棒矢量预编码算法和收发相关矩阵的鲁棒（Tomlinson-Harashima）预编码，其设计目的在于减少系统在非理想 CSI 下的传输误差。最后，本书对基于预编码的多小区干扰消除方法进行了阐述，对基于预编码的主动干扰消除方法进行了分类，分别对基站协作干扰抑制算法数学模型和分簇协作干扰抑制算法进行了描述。

本书可作为通信工程、电子信息工程等专业的学生和通信与信息系统、信号与信息处理、电子与通信工程的专业硕士生、博士生的参考用书，也可供从事无线通信工程、专利标准撰写、信息传输与处理等领域的工程技术人员、研发人员、科技工作者等参考。

在本书的编写过程中，得到了上海海事大学信息工程学院谢宏教授、朱大奇教授、刘锋老师，上海交通大学何晨教授，蒋铃鸽教授的大力支持与帮助，在此由衷地表示感谢。本书内容参考了大量的国内外有关论著和参考资料，未能一一列出，在此谨向有关资料的原作者和单位表示深深的谢意。

限于作者水平有限，加之时间仓促，有错误之处，敬请读者批评、指正。

耿　烜

2013 年 7 月于上海

目 录

第 1 章　绪　论

1.1　研究背景

1.1.1　移动通信简介

自从 1857 年 M. G. 马可尼首次完成无线通信实验，经过快速发展的移动通信技术已经极大地推动了社会经济发展并改变了人们的生活方式。目前，移动通信技术已经成为当代通信领域发展潜力最大、市场前景最广的热点技术。在过去的 30 年中，移动通信技术经过第一代模拟通信技术和第二代数字通信技术之后，以支持多媒体业务和宽带数据传输为特点的第三代移动通信技术正在全球范围内实施，并且正在向更高频谱效率、更快传输速率的第四代移动通信方向演进。

第一代移动通信标准制定于 20 世纪 80 年代，主要采用模拟技术和频分多址(Frequency Division Multiple Access，FDMA)技术。由于受传输带宽的限制，它不能支持移动通信技术的长途漫游和数据业务，只是一种支持语音业务的区域性移动通信系统，包含多种制式，主要以 NMT，AMPS 和 TACS 为代表。第二代移动通信系统在 20 世纪 90 年代初开始商用，它由数字无线电技术组成数字蜂窝移动通信系统，可提供更高的网络容量，改善话音质量和保密性，可提供语音和低速率数据业务，并为用户提供无缝的国际漫游。它的主要标准包括 GSM，D-AMPS，PDC 和 IS-95CDMA 等，仍然是窄带系统，采用时分多址(TDMA)、码分多址(CDMA)和数字调制与编码技术。其中，GSM 系统的数据速率为 9.6 kbit/s，采用通用分组无线业务(GPRS)可达到 115.2 kbit/s 的数据速率，增强数据速率 GSM 演进(EDGE)技术可实现 384 kbit/s 的高速数据传输[1]。

随着通信业务尤其是数据业务的迅猛发展、通信量的激增，迫切需要能够支持宽带多媒体通信的移动通信系统，第三代移动通信技术便应运而生。国际电信联盟(International Telecommunications Union，ITU)在 2000 年 5 月确定 WCDMA，CDMA2000 和 TD-SCDMA 为三大主流无线接口标准，采用 CDMA、Turbo 编码和高阶调制等技术，目前在全球范围内已进入商用化阶段。3G 系统是一种把无线通信和互联网等多媒体通信相互结合的新一代系统，可以提供前两代产品不能提供的宽带信息业务，使无线流媒体业务逐渐成为无线通信的主流，它的核心业务包括宽带上网、手机电视、视频通话、无线搜索和手机购物等，给人们的生活带来全新的感受。我国于 2009 年初向中国移动、中国联通和中国电信发放了 3 张 3G 牌照，标志着我国移动通信产业正式进入 3G 时代，拉开了一个新的序幕[2]。

随着 3G 系统在各国日益广泛和成熟的应用，目前业界的研究重点已经转移到后三代或者第四代(B3G/4G)移动通信技术上。这是因为移动通信的最高目的是实现人们在任何实际时间、任何地点，通过低成本的手持通信终端将各种信息(语音、数据、图像及视频等)及时地传送给任何地方的任何人，而 3G 系统并没有实现真正意义上的个人通信，各个标准之间存在相互兼容的问题，频谱利用率还不够高，数据传输速率仍无法满足未来多媒体通信的需求。在市场需求的驱动下，3GPP 组织于 2004 年底正式启动长期演进(Long Term Evolution, LTE)计划，它是后 3G 时代向前演进和发展的代表，主要设计目标是在 20 MHz 带宽的频谱资源下实现上行 50 Mbit/s 和下行 100 Mbit/s 的峰值速率，实现高于 3G 系统的通信带宽和频谱利用率，同时实现更简单的网络结构、更低的运营成本，并能对各种不同的网络部署场景和业务需求提供更为灵活的支持。近年来，随着技术的进一步提高和演进，2008 年 6 月，LTE 的演进版本 LTE-Advanced 确定了更高的需求，它的主要技术参数是在带宽 100 MHz 实现下行峰值速率 1 Gbit/s 和上行峰值速率 500 Mbit/s，上下行峰值频谱利用率分别达到 15 Mbit/s/Hz 和 30 Mbit/s/Hz，针对室内环境进行优化，有效支持新频段和大带宽的应用。目前 LTE-Advanced 已经被视为准 4G 标准[3]。

为了达到 4G 标准的各种需求，在频谱资源有限和传播信道恶劣的条件下提供高服务质量(QoS)的高速无线传输，必须研究新的物理层传输技术、网络构架和协议。传统无线通信技术对信号的频域、时域与码域信息的研究已达到一个前所未有的高度，但仍无法满足 4G 应用的需求，需要扩展新的信号处理领域，而信号空间域的研究弥补了这一空白。通过研究天线分集技术与智能天线技术，发现利用多天线实现信号传输是可行的，随着研究深入最终演进到的多输入多输出(Multiple-Input Multiple-Output，MIMO)通信技术。MIMO 技术作为未来一代宽带无线通信系统的框架技术，是实现充分利用空间资源以及提高频谱利用率的一个必然途径。基于 MIMO 的无线通信理论和信号处理技术将显示出巨大的潜力和发展前景。

1.1.2　MIMO 系统简介

1.1.2.1　MIMO 系统的概念

单输入单输出(Single-Input Single-Output, SISO)系统在信道容量上有一个不可突破的瓶颈：shannon 容量限制，不管采用哪种调制技术、编码方式或其他方法，无线信道总是给无线通信做一个物理限制。一种提高系统容量的方法是使用分集技术，提高发射/接收信噪比，以增大系统的容量，主要是通过在接收端使用多天线阵列来获得接收分集，其发射天线仍采用一个阵元，这就是单输入多输出(Single-Input Multiple-Output, SIMO)系统。为减小接收端特别是移动终端的处理复杂度和体积，可以考虑把接收分集技术平移到发射端，发射天线采用阵列结构，而接收天线采用单天线结构，这就是等价的多输入单输出(Multiple-Input Single-Output，MISO)系统。SIMO 和 MISO 技术的进一步结合就自然产生了收发端同时采用阵列天线的系统——MIMO 系统。MIMO 系统是在无线智能天线的基础上发展起来的，通过在收发两端同时配置多天线阵列来解决未来移动通信要求大容量、高速率传输与日益紧张的频谱资源的矛盾。图 1-1 所示为典型的 MIMO 系统框图。

图 1-1　MIMO 系统框图

Fig. 1-1　Block-diagram of MIMO system

如图 1-1 所示，MIMO 系统在收发端都配置了多天线结构，多个数据流经过信号处理从多天线并行输出，不同的信号处理方法可以为 MIMO 系统提供不同的增益，如分集增益、复用增益、阵列增益和干扰抑制。相比较于 SISO 系统，MIMO 系统通过在发射机和接收机采用多个天线获得空间维度的扩展，其信道容量随着发射机与接收机天线数中的较少者线性增加，在不增加发射功率和信道带宽的前提下，通过增加收发天线数目就可以扩大信道容量[4]。MIMO 系统可以在不同天线发射的信号之间引入时域相关和空域相关，通过使用空时编码技术，在接收端可以分集接收，利用时间域信号处理方法，达到空时二维信号处理的目的，可获得分集增益和编码增益，在平坦衰落信道条件下的最大空间分集增益等于发射天线数与接收天线数之积[5]。MIMO 系统还可以利用贝尔实验室的垂直分层空时（VBALST）结构[6]，通过调制映射将不同的数据子流分配到不同的发射天线，各收发天线对之间的信道系数相互独立，接收端通过多用户检测方法将多个数据流分离，达到空间复用的目的，并获得复用增益。此外，如果发射端已知信道状态信息（CSI），可以设计预编码器，获得阵列增益并有效消除共信道干扰（CCI），同时使用功率分配和自适应调制以进一步改善系统性能[7]。

1.1.2.2 MIMO 系统的关键技术

自 1998 年始，国内外著名的通信机构和学者对 MIMO 系统进行了大量深入的研究，总结近年来关于 MIMO 技术的研究，可以发现 MIMO 技术研究主要包括以下几个方面：

（1）MIMO 衰落信道的测量和建模方法：MIMO 信道测量的研究热点主要集中在 MIMO 信道静态和实时测量方式、测量设备设计、信道测量环境、测量参数等方面，主要目的是尽可能使得测量结果能够反映各种传播环境下真实的信道特性[8]。国外对 MIMO 信道测量的工作开展较早，从 2000 年就开始了窄带 MIMO 的信道测量，然后逐渐过渡到宽带 MIMO。目前较为先进的实时信道探测器是芬兰 EB（ElectroBit Corporation）公司开发的 Propsound™ 探测器，天线通过时分快速切换实现等价的 MIMO 信道，可进行信道时频二维冲激响应的测量，然后通过 SAGE 算法在软件上联合计算时延、多普勒频移、水平发射角、垂直发射角、水平到达角、垂直到达角等多种参数[9-10]。在信道测量的基础上，需要进行信道建模作为开发 MIMO 系统算法的基础。目前信道建模主要有确定性模型和统计性模型两类[11-12]。其中确定性模型主要包括基于冲激响应功率时延特征的方法和射线跟踪法，而统计性模型主要分为基于几何分布模型、基于参数的模型以及基于相关性的模型。可以看出，MIMO 信道的建模方法很多，在建模时对模型的准确性、合理性和复杂性应进行充分的考虑，使之更接近实际情况，易于理论分析和仿真实现。

（2）MIMO 信道容量的分析：遍历容量（Ergodic Capacity）和中断容量（Outage Capacity）可以有效地描述随机衰落信道的信息速率。在平坦衰落单用户 MIMO 系统下，已分析出 MIMO 信道容量与发射天线和接收天线的较小数成正比，当发射功率固定时，通过增加发射天线和接收天线数可获得更高的频谱效率；与单用户 MIMO 系统不同的是，多用户 MIMO 系统中各用户信息速率极限用容量区域来描述，已有文献提出了多用户注水迭代算法来解决容量域满足各种用户对传输速率的要求，但仍无法满足实际网络的需求，因此研究最大化高斯矢量多址信道容量算法仍然是 MIMO 信道容量研究方向之一[13]。

（3）基于 MIMO 系统的空时编码/解码：空时编码能够较为明显地增加 MIMO 系统的链路可靠性，并改善系统性能。根据空时编码技术按照发射端和接收端是否需要知道信道状态信息，空时编码可以分为两大类，第一类是解码时需要知道确切的信道状态信息，具体又包括了分层空时码(LSTC)[14]、空时格型码(STTC)[15-16]和空时分组码(STBC)[17];第二类空时编码是解码时不需要知道信道状态信息,主要包括酉空时码(USTC)[18]和差分空时块编码(DSTBC)[19]。通过使用空时编码,系统可获得编码增益和分集增益,提高了系统抗干扰和抗噪声的能力,但是当天线数目较多时,译码会变得很复杂,另外在实际快衰落环境下编码性能会降低,因此研究性能更好、复杂度更低的编码方法仍然需要深入探讨。

(4) 基于 MIMO 系统收发机的接收处理、预编码:MIMO 系统的通信会受到多用户、多天线的干扰,从而造成共信道干扰,因此在收发机两端需要采用一些必要的信号处理技术,以消除噪声和干扰。MIMO 系统接收机需要对接收到的来自各个发送天线的信号进行去相关处理,而进行这一处理的前提条件是接收端对信道进行比较精确的估计,获得较准确的信道信息,因此,信道估计是 MIMO 接收机重要组成部分。在接收机获得估计的信道状态信息后,使用这些信息通过一定的处理方法来消除信道对信号造成的失真,并且进一步对信号做相关处理,从而区分不同发送天线的信号,这一过程就是多用户检测。在 MIMO 上行链路系统中基站对接收的信号进行多用户检测,得到不同用户或者不同发送天线的信号;与此相反,对于 MIMO 下行链路系统,由于基站比移动台具有更强的信号处理能力,并且基站能够获得估计的信道状态信息,因此可以在基站端对发射机信号进行优化设计处理,从而消除或减少 CCI,使每个移动台在理论上能够接收到不受其他用户干扰的信号,实现空分多址(SDMA)以保证数据的可靠接收,这一技术称为预编码技术。而且,在总功率受限的情况下,理论上使用最优的脏纸编码(DPC)技术[20],各接收机不需要协作处理,在发射端进行预编码就可实现信道容量。可见,预编码技术是 MIMO 系统的关键技术之一,并且已经出现在 LTE-Advanced 标准中,是未来移动通信的研究热点之一。因此,本书将对 MIMO 系统中的预编码设计进行理论描述和设计。

1.2 预编码技术研究现状

1.2.1 预编码方法简介

在 MIMO 系统中,当发射端已知信道状态信息时,可以通过预编码矩阵处理发射信号并根据信道条件调整并行传输数据流的数量,以获得更高的频谱利用率和传输质量。在频分双工(FDD)系统中,信道状态信息通过接收端信道估计获得,经反馈信道传给发射端;在时分双工(TDD)系统中,可以利用上行链路和下行链路的对称性,通过信道估计上行链路的信道状态信息来预测下行链路的信道状态信息。

根据预编码的实现结构,可以分为线性预编码和非线性预编码;根据设计准则,可以分为最大化容量准则、迫零(ZF)准则、最小化均方误差(MSE)准则、最小化误码率(BER)准则和最大化信干噪比(SINR)等;根据设计约束条件,可以分为总功率约束条件、单天线功率约束条件和 QoS 约束条件等;根据信道状态信息条件,又分为理想信道状态信息下的设计和非理想信道状态信息下的鲁棒设计。因此,从不同的设计目的、设计角度和设计方法出发,能够满足在不同的条件下得到不同的预编码设计方案。

在理想信道状态信息情况下,发射端完全已知从基站到每个用户端的信道矩阵,预编码设计的重点在于提高系统性能或者逼近系统容量。但是,在实际情况中,由于信道的快衰落、反馈信息延时和信道估计误差等多种因素，发射端只有部分信道状态信息或者带有误差的信息。在此情况下，预编码的设计应该考虑实际的信道情况，设计具有鲁棒性能的方法。1.2.2 和 1.2.3节将以发射端已知的信道状态信息分类，概述已有的预编码算法。

1.2.2 理想信道状态信息下的预编码方法

当发射端已知完全且准确的信道状态信息时，预编码处理的目的是考虑性能改善和提高系统容量。根据算法中是否包括非线性处理，可以分为线性预编码和非线性预编码两类。

1.2.2.1 线性预编码算法

(1) 信道求逆处理：消除 CCI 的最简单方法就是对信道进行求逆处理，令预编码矩阵为信道矩阵的广义逆矩阵，经过预编码矩阵的信号通过信道后，相当于将 MIMO 信道分解为并行等效的 SISO 信道，从而实现消除信道干扰的目的，这一方法也称为迫零预编码[21]。为了降低病态信道对系统性能的恶劣影响，文献[22]提出基于最小均方误差(MMSE)准则的线性预编码算法，保留残余干扰来抑制病态信道的影响。

(2) 块对角化(BD)方法[23-24]：对于多天线用户的多用户系统，常用对角化处理方法。通过寻找使等价信道块对角化的预编码矩阵，形成等价的并行单用户多天线信道，各用户间的干扰为零，此时，每个用户可视为独立的 MIMO 信道，可采用单用户的信号处理方法，如 VBLAST 结构和最大似然检测(ML)等。块对角化方法本质上是信道求逆方法在多天线多用户情况下的推广。

(3)其他准则：文献[25]在 ZF 接收机的条件下，设计了最小化误码率的线性预编码器；文献[26]提出了基于加权 MMSE 准则的广义线性预编码方案，并给出了最大信息速率设计和基于 QoS 的设计等；文献[27]利用控制不等式理论，将 MSE 准则、BER 准则和 SINR 准则等纳入到一个统一的框架中，提出了统一的线性预编码和线性均衡结构，利用凸优化理论求解收发机矩阵。

1.2.2.2 非线性预编码算法

(1) 脏纸编码(Dirty Paper Coding，DPC)：1983 年，Costa 首先提出了"writing on dirty paper"的思想[20]，从信息论的角度分析得到，如果已知污点在哪里，那么在具有这些污点的脏纸上写信息的容量相当于在没有污点的纸上写信息的容量。如果将传统的加性高斯白噪声信道修改为发送端已知干扰的模型，即接收信号＝发送信号＋干扰＋噪声，并且在发射端已知干扰的大小，那么可以通过编码的方式在发射端消除干扰，而接收端相当于不受干扰影响。经过这种编码的信道容量，等于无干扰时的信道容量，因此，通过使用脏纸编码理论上能够逼近信道容量。对于多用户 MIMO 系统的下行链路，发射机是可以获知其他用户信号对某一用户信号的干扰的，因此完全可以进行预处理来消除这些干扰 ，所以脏纸编码可以达到最优的容量。

(2) 汤姆林森-哈拉希玛预编码(Tomlinson-Harashima Precoding，THP)：THP 最初用来对抗时域的符号间干扰(ISI)[28]，然后文献[29]和文献[30]提出将其应用在空域的 MIMO 系统下来消除多用户干扰，并基于 ZF 准则提出空时 TH 预编码(ZF-TH)。文献[31]进一步地提出最小均方误差(MMSE)准则下的 THP 方法，并根据信道矩阵的特点，对用户的顺序进行了排序。文献[32]对排序矩阵进行 Cholesky 分解，提出一种降低复杂度的 MMSE-THP 算法。预编码比起线性预编码，虽然上述的THP已取得了很大的性能提升，但是并不能获得满分集阶数。受文献[33]思想的启发，文献[34]首先提出将格基规约(Lattice Reduction，LR)思想应用在THP中，提出了基于格基规约的ZF-THP算法；而文献[35]在此基础上，提出了基于格基规约的MMSE-THP算法。文献[36]对前面提到的基于格基规约算法的THP预编码进行了总结，对各种组合的性能进行了比较。对于多天线的多用户，类似于线性算法中的BD方法，文献[37]提出了将连续优化(SO)方法与THP算法相结合，获得的等价信道仍为块对角化信道，其BER性能好于MMSE-THP方法。此外，文献[38]提出将几何均值分解(GMD)与THP相结合的方法，几何均值使各子信道的增益相等，消除了子信道的不平衡性，提高了系统性能。在GMD的基础上，文献[39]考虑MMSE准则，提出了将无容量损失的均匀信道分解(UCD)与THP相结合的收发机设计方法。考虑QoS约束的情况，文献[40]又提出了基于自由增益设计的三角信道分解(GTD)方法，并基于GTD提出了可调信道分解(TCD)方法，GTD和TCD均可以和THP方法相结合，联合设计非线性收发机。另外，利用控制不等式和凸优化理论，文献[41]和文献[42]提出了统一框架的THP收发机设计方法，将MSE准则、BER准则和SINR准则纳入到统一的函数中进行设计。

(3) 矢量预编码(Vector Precoding，VP)：其关键思想是选择一个加性扰动矢量来对发送符号进行整形，通过球形编码来实现逼近容量区域的性能，是THP的一种推广。文献[43]首先提出了基于ZF准则和正则化的VP方法。文献[44]针对文献[43]中的问题进行了改进，求解了最优的正则化系数，并利用扰动矢量的统计特性重新构造了接收端的信号处理，获得了1.53 dB的性能增益。文献[45]和文献[46]分别用不同的思想提出了基于MMSE准则的VP方法。文献[47]提出了基于格基规约算法的矢量预编码，仍可获得满分集增益，并降低了计算复杂度。文献[48]进一步提出基于格基规约算法和MMSE准则的矢量预编码方法。

1.2.3　非理想信道状态信息下的预编码方法

在非理想信道状态信息条件下，预编码设计的主要目的是具有鲁棒性能，不同的非理想信道状态信息模型决定了不同的预编码设计方法。例如，非理想信道信息模型可以建模为信道估计矩阵加上信道误差矩阵，发射端已知信道误差矩阵的统计信息。基于信道误差矩阵的二阶统计值，文献[49]和文献[50]分别提出了基于最小化MSE准则的鲁棒线性预编码和鲁棒THP预编码的方法，性能均好于非鲁棒的设计方法。文献[51]分析了基于此信道模型下的THP预编码的性能，包括集中式THP(cTHP)和分布式(dTHP)，理论上给出了信道误差对这两种方法造成的性能损失，并给出了一种次优的排序算法。文献[52]给出了THP预编码在非理想信道条件下的SNR损失。文献[53]给出了一种渐进分析方法来评估在信道估计误差下，迫零THP预编码的误符号率；将部分信道状态信息与使用条件概率密度函数的贝叶斯(Bayesian)方法相结合，是一种有效的优化设计方法。文献[54]利用贝叶斯方法提出了一种ZF准则的THP鲁棒设计方法。文献[55]进一步考虑带有接收相关信息的非理想误差模型，即信道误差矩阵中包含接收相关矩阵，提出了最小化MSE的鲁棒线性预编码算法，文中证明了此预编码结构相似于文献[41]提出的理想信道状态信息预编码结构，但是具体使用的参数与非理想信道信息有关。文献[56]考虑了更为复杂的非理想信道状态信息模型，即信道误差矩阵中包含收发相关矩阵，在此基础上求解了最小化MSE的鲁棒线性预编码收发矩阵，通过迭代算法求解收发矩阵，用户分集阶数、收发相关矩阵系数大小和信道估计误差对其性能有重要的影响。

1.2.4 存在的问题

综上所述，预编码方法能够有效消除多天线多用户干扰。在理想信道状态信息条件下，非线性预编码算法能够获得比线性预编码算法更好的性能，尤其是矢量预编码算法，可以获得满分集增益，但是用球形译码算法求解扰动矢量具有较高的复杂度，其计算复杂度随着天线数的增加成指数复杂度增加，因此有必要研究降低复杂度的矢量预编码算法，或者具有低复杂度、满分集增益的其他预编码算法。此外，几何均值分解技术可以使子信道获得相同的增益，考虑将其结合到现有的预编码算法中，进一步提高系统性能是需要深入研究的内容。

在非理想信道状态信息条件下，目前研究的编码方案多是应用场景较为简单的情况。因此建立符合实际情况复杂的应用场景模型，考虑复杂的信道环境和信道信息存在误差和相关的情况下，具有发射相关、接收相关和收发均相关的非理想预编码算法需要进行深入的研究。

1.3 研究工作

本书针对MIMO系统的预编码技术做了较广泛、深入的研究。针对理想信道状态信息条件和非理想信道状态信息条件，分别提出了不同的预编码算法，并进行了充分的仿真，对不同算法进行了分析和比较。在发射端已知理想信道状态信息条件下，本书的主要工作包括以下几方面。

(1) 基于格基规约算法的预编码：分析了格基规约理论可以应用到预编码设计上的主要思想，描述了基于格基规约的线性结构预编码实现流程和基于QR分解的非线性结构预编码设计。

将三种多项式时间计算复杂度的格基规约算法应用到预编码中，对不同结构下的预编码性能进行了理论分析和仿真比较，分别给出了理论分析性能曲线和误码率性能曲线，总结出不同格基规约算法各自适用的环境。

(2) 设计基于格基规约矢量预编码的改进算法：对经典的模型进行了理论描述和框图描述，在矢量预编码中引入格基规约算法，能够降低求解扰动矢量的复杂度，但是其求解近似过程会造成量化误差，使得该算法的误码率性能次于球形译码算法的性能。针对这一问题，仿真分析了实际量化误差的概率分布，发现实际量化误差的数目集中在较小的数上，利用这种分布规律，提出一种可调量化误差校正方法，通过设定不同的调节值来控制量化误差校正的数目，使其能够利用实际量化误差数目的概率分布规律，减小冗余的计算量，降低量化误差校正的计算复杂度。而且，通过设定不同的调节值，也能够在量化误差校正中取得性能和复杂度的折衷。

(3) 设计基于几何均值分解的矢量预编码：概述了将几何均值分解与矢量预编码相结合的设计，能够提高MIMO系统的性能。本书在已有的几何均值分解结合矢量预编码的方案上，提出了进一步扩大预编码扰动矢量的取值范围，使之分为两种情况，一是扰动矢量中的元素为连续值，则扰动矢量被接收端视为干扰；二是扰动矢量中的元素为连续值和离散值之和，则扰动矢量中的离散值可以通过模操作在接收端消除，而连续值仍视为干扰。在这两种情况下，分别求解得到了最小均方误差意义下的最优扰动矢量，并给出了两种情况下的最小均方误差表达式。

在实际传输系统中，发射端只能获得信道状态信息的估计值或者量化反馈值，因此研究发射端已知非理想信道状态信息条件下的预编码，使其对非理想信道信息具有鲁棒性。本书研究非理想信道状态信息条件的鲁棒预编码，主要包括以下两个方向：

(1) 设计非理想信道条件下的鲁棒矢量预编码：将非理想信道状态信息模型建模为信道估计值和信道误差值之和，发射端已知信道估计值矩阵，未知信道误差值矩阵，但是已知信道误差的统计分布特性。利用信道误差的二阶统计量，推导了最小 MSE 意义下的扰动矢量和预编码矩阵，使其具有一定的鲁棒性。通过仿真表明，利用信道误差信息的矢量预编码设计，其 MSE 性能和 BER 性能均好于非鲁棒的矢量预编码设计，也好于鲁棒的线性预编码和 THP 预编码性能。

(2) 设计包含相关信息的非理想信道条件下的鲁棒 THP 预编码：将非理想信道状态信息模型进一步深化，使用了包含收发相关矩阵的信道误差模型，即考虑收发相关对信道造成的影响。在此模型基础上，提出了基于 THP 预编码结构的收发机设计。首先给出了收发信号的 MSE 模型，然后针对收端相关、发端不相关；发端相关、收端不相关；收发端都相关三种情况，分别给出了不同的收发机设计，其中使用了最优化理论和算术几何均值不等式理论。仿真表明，提出的这三种收发机结构，其 MSE 和 BER 性能均好于非鲁棒设计以及鲁棒的线性预编码设计。

上述内容均考虑的是单小区单用户或者多用户系统。近年来随着预编码技术优势的不断体现，对在多小区干扰消除中的应用研究日益增多，也是目前的研究热点。因此，本书对基于预编码的主动干扰消除方法进行了总结，根据小区间的协作方式进行了分类，阐述了每类的基本概念和研究现状，并且根据小区基站协作和分簇协作两类场景，具体描述和总结了两类预编码方法的数学模型、实现方法，并提出了未来的研究方向。

1.4　内容安排

全书共分 9 章，绪论介绍了本书的研究背景和现状，其余各章的研究内容如下：

第 2 章利用公式和框架图详细描述了 MIMO 系统中单用户和多用户的平坦衰落系统模型，然后给出了文中使用的统一信号传输模型，包括复数模型和等效实数模型，以及信号星座图，是后面各章的基础。

第 3 章首先描述了经典的线性和 THP 预编码，提出了存在的问题；然后介绍了格基规约算法，并将格基规约算法应用到预编码中的思想；最后描述了基于格基规约的基本预编码方法和基于 QR 分解的格基规约预编码算法，对三种不同的格基规约算法进行了分析和性能仿真。

第 4 章描述了矢量预编码的基本模型，以及求解扰动矢量的格基规约算法和球形译码算法，分析了格基规约算法出现性能损失的原因，提出了一种可调量化误差的格基规约算法求解扰动矢量，在接近球形译码的性能下，降低了全量化误差校正的计算冗余度。

第 5 章描述了 GMD 分解算法，将 GMD 与矢量预编码结合，提出了扩大扰动矢量的方案，给出了最小化 MSE 条件下的最优扰动矢量和预编码矩阵，以及最小 MSE 的理论值，并进行了仿真分析。

第 6 章首先给出了较为简单的非理想信道状态信息模型；然后概述了在此模型基础上的

鲁棒线性预编码和THP预编码设计，基于这些思想，提出了最小化MSE的鲁棒矢量预编码设计，求解出鲁棒的扰动矢量和预编码矩阵；最后给出了仿真结果。

第7章研究了更为复杂的非理想信道状态信息模型，模型中包含了发射相关和接收相关矩阵。文中首先描述了目标优化函数；然后将函数转化为预编码矩阵函数，进一步求解鲁棒的预编码矩阵，从而得到其余的收发矩阵；最后进行了仿真比较。

第8章根据小区基站之间的协作关系，阐述了三种基于预编码的多小区干扰消除的原理和研究现状，根据小区基站协作和分簇协作两类场景下，具体描述了和总结了两类预编码方法的数学模型、实现方法。

第9章对本书的研究成果进行了总结，并提出了下一步研究的展望。

第 2 章　MIMO 无线通信模型

本章首先介绍了无线信道的衰落特征，在此基础上，重点描述了在信道平坦衰落条件下的单用户 MIMO 系统模型和多用户 MIMO 系统模型，并给出了后文中使用的预编码复数传输模型和等效实数传输模型，以及信号的星座图，为后续章节提供了统一的系统模型。

2.1　无线信道的衰落特征

无线通信系统中，信号通过无线信道传播，以反射、绕射和散射的方式沿着不同路径到达接收端，这个现象称为多径传输[57]。无线电信号通过移动信道时，信道对信号的衰减影响主要包括：由自由空间传播引起的路径损失（也称大尺度衰落）；由障碍物阻塞引起的阴影衰落（也称中尺度衰落）；由移动传输中的多径引起的多径衰落（也称小尺度衰落）。由于路径损失和衰落，使得接收信号的强度要远远弱于发射信号。接收信号的特性由衰落过程的频域特性、时域特性和空域特性来刻画，根据信号参数和信道参数之间的关系，不同的发射信号会经历不同类型的衰落，主要包括以下 3 种[58]：

（1）时间选择性衰落：当移动用户与基站发生相对运动时，每个多径波都会产生一个明显的频率移动，称为多普勒频移。多普勒频移会引起接收信号的频率扩散和功率谱扩展，称为多普勒扩展。多普勒扩展可以用信道的相干时间来表征，相干时间表示信道时域响应在两个瞬时时间内处于强相关的最大时间间隔，相干时间与多普勒频移成反比，所以由多普勒频移产生的衰落与时间有关，故称为时间选择性衰落。

（2）频率选择性衰落：信号通过多径信道，不同径的信道延时对信号波形产生扩展，称为时延扩展。时延扩展可以用相干带宽来表征，相干带宽表示信道频率响应在两个频移处保持强相关的最大频率差，相干带宽与时延扩展成反比，所以由时延扩展产生的衰落与频率有关，故称为频率选择性衰落。

（3）空间选择性衰落：当发射机或接收机采用多个天线、天线阵列或定向天线时，多径信号到达天线阵列时会产生角度的展宽，称为角度扩展。角度扩展用相干距离来描述，相干距离表示两根天线上的信道响应保持强相关的最大空间距离，角度扩展与相关距离成反比，也称为空间选择性衰落。

从信道变化的时间角度考虑，当信道的相干时间小于码元间隔时，即信道变化比基带信号变化快时，称为快衰落信道；反之，当信道变化比基带信号变化慢时，称为慢衰落信道。从信道变化的频率角度考虑，若信道的相干带宽大于发射信号的带宽，则接收信号发生平坦衰落，此时接收信号的各个频率分量经历的信道衰落是一致的，信道冲激响应可以用一个衰落系数来描述；反之，信号的带宽大于信道相干带宽，信号的各频率分量会经历不同的随机响应，信道会引起发射信号码间干扰，使得接收信号产生频率选择性衰落。本章将使用一种分块衰落信道模型，其特点是在一个码元周期（或称一个符号块）内信道为平坦衰落，而在码元周期之间，信道是独立同分布的。因此，主要使用平坦衰落信道模型，该模型适用于窄带 MIMO 系统，或者宽带 MIMO-OFDM 系统的子载波上的窄带 MIMO 系统。

2.2　平坦衰落单用户 MIMO 系统模型

在单用户 MIMO 系统中，收发机分别配置多根天线，每对收发天线上的数据流可以采用不同的调制和解调方式，所有收发天线经过的信道都是对其他收发天线信道的干扰，接收机和发射机可进行信号的联合处理。这种 MIMO 系统常应用在高速率半移动本地无线局域网中，接入点和通信节点均可配置多根天线。图 2-1 所示为在信道平坦衰落条件下单用户 MIMO 系统模型。

图 2-1 中，假设 MIMO 系统的发射天线数为 N_t，接收天线数为 N_r。$\mathbf{s}[n]$表示第 n 个符号块的信息源比特流，通过编码、数字调制、空时编码或者预编码等信号处理方法，处理为 N_t 个并行复数数据流 $\boldsymbol{x}[n]=[x_1[n],x_2[n],\cdots,x_{N_t}[n]]^{\mathrm{H}}\in\mathbb{C}^{N_t\times 1}$，其中 $x_j[n](j=1,2,\cdots,N_t)$表示第 n 个符号块的第 j 根发射天线上的数据。发射数据通过 N_t 根天线发射经过无线信道，N_r 根天线进行接收，接收数据用 $N_r\times 1$ 向量来表示，即 $\mathbf{y}[n]=[y_1[n],y_2[n],\cdots,y_{N_r}[n]]^{\mathrm{H}}\subset\mathbb{C}^{N_r\times 1}$，其中 $y_i[n](i=1,2,\cdots,N_r)$表示第 n 个符号块的第 i 根接收天线上的数据。

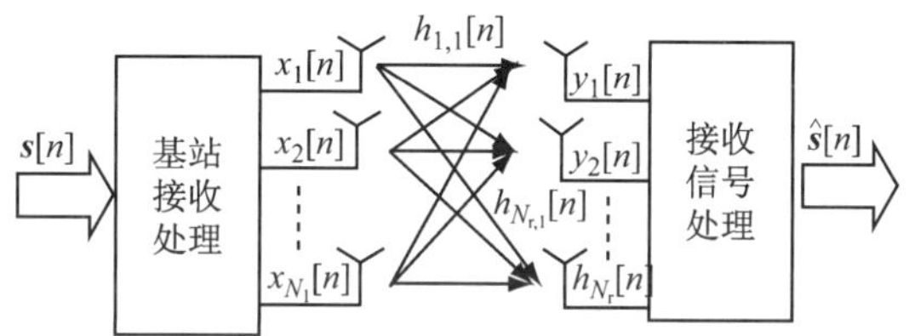

图 2-1　平坦衰落单用户 MIMO 系统模型

Fig. 2-1　Single-user MIMO system model on flat-fading channel

对于第 n 个符号块，无线信道是平坦衰落的，因此每对收发天线间的信道可用信道衰落系数表示，即 $h_{i,j}[n]$表示 n 时刻从第 j 根发射天线到第 i 根接收天线的平坦衰落系数。为不失一般性，下文不再标注索引 n。第 i 根接收天线的接收数据接收的为 N_t 个发射信号叠加的数据，表示为

$$y_i=\sum_{j=1}^{N_t}h_{i,j}x_j+n_i \tag{2-1}$$

其中 n_i 表示第 i 个天线接收到的加性噪声。将所有接收天线对的信道组合，构成 MIMO 系统的信道矩阵为

$$\boldsymbol{H}=\begin{bmatrix}h_{1,1} & h_{1,2} & \cdots & h_{1,N_t}\\ h_{2,1} & h_{2,1} & \cdots & h_{2,N_t}\\ \vdots & \vdots & \ddots & \vdots\\ h_{N_r,1} & h_{N_r,2} & \cdots & h_{N_r,N_t}\end{bmatrix} \tag{2-2}$$

假设为瑞利衰落信道，那么 $\boldsymbol{H}$ 矩阵的每个元素服从均值为零的复高斯分布[59]。为了分析简单起见，可将信道衰落的功率增益归一化为 1，即 $\boldsymbol{H}$ 的每个元素的方差为 1。对应信道矩阵，接收向量为

$$\boldsymbol{y}=\boldsymbol{Hx}+\boldsymbol{n} \tag{2-3}$$

其中 $\boldsymbol{n}=[n_1,n_2,\cdots,n_{N_r}]^{\mathrm{H}}\in\mathbb{C}^{N_r\times 1}$为接收噪声向量，它的每个元素是独立同分布的，服从均值

为零，方差为 σ_n^2 的复高斯分布，自相关矩阵为 $\boldsymbol{R}_{nn}=E[\boldsymbol{nn}^{\mathrm{H}}]=\sigma_n^2\boldsymbol{I}_{N_r}$，$\boldsymbol{I}_{N_r}$ 表示 $N_r\times N_r$ 的单位矩阵。接收向量 $\boldsymbol{y}$ 经过检测、解码、解调后得到发射数据流的估计值 $\hat{\boldsymbol{s}}$。

当符号周期归一化为 1 时，发射信号的总功率定义为

$$P_T=\mathrm{tr}(E(\boldsymbol{xx}^{\mathrm{H}}))\tag{2-4}$$

发射信噪比定义为

$$SNR=\frac{\mathrm{tr}(E(\boldsymbol{xx}^{\mathrm{H}}))}{tr(E[\boldsymbol{nn}^{\mathrm{H}}])}=\frac{P_T}{N_r\sigma_n^2}\tag{2-5}$$

若已知发射信号的元素是独立同分布的，均值为零，方差为 σ_x^2，那么发射信噪比可进一步表示为

$$SNR=\frac{\mathrm{tr}(E(\boldsymbol{xx}^{\mathrm{H}}))}{\mathrm{tr}(E[\boldsymbol{nn}^{\mathrm{H}}])}=\frac{N_t\sigma_x^2}{N_r\sigma_n^2}\tag{2-6}$$

当信道矩阵的元素服从均值为零，方差为 1 的复高斯分布时，每根接收天线的信噪比可定义为

$$RSNR=\frac{\mathrm{tr}(E(\boldsymbol{Hxx}^{\mathrm{H}}\boldsymbol{H}^{\mathrm{H}}))}{\mathrm{tr}(E[\boldsymbol{nn}^{\mathrm{H}}])}=\frac{N_tN_r\sigma_x^2}{N_r\sigma_n^2}=\frac{N_t\sigma_x^2}{\sigma_n^2}\tag{2-7}$$

2.3　平坦衰落多用户 MIMO 系统模型

在多用户 MIMO 系统中，多个用户可以使用相同的频段同时接入基站，与基站进行通信，每个用户既可以配置单个天线，也可以配置多天线。基站收到多个用户发送的叠加信号，通过一定的信号处理方法(如多用户检测等)来区分每个用户发送的信号，这样的信道称为多接入信道(MAC)[60]，也就是无线通信中的上行链路。图 2-2 所示为系统模型。

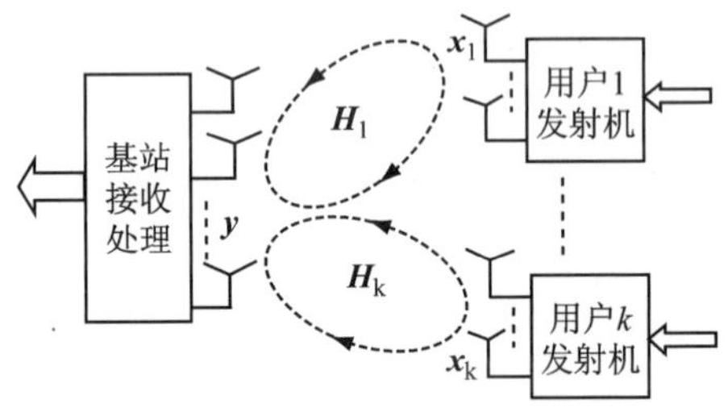

图 2-2　多用户 MIMO 上行链路系统模型

Fig. 2-2　Multi-user MIMO uplink system model

如图 2-2 所示，在多址接入系统中，有一个基站和 K 个接入用户，基站有 N_r 根接收天线，用户 $k(k=1,2,\cdots,K)$ 有 N_{t_k} 根发射天线，所有用户的总发射天线数为

$$N_t=\sum_{k=1}^{K}N_{t_k}$$

第 k 个用户的发射信号为

$$\boldsymbol{x}_k=[x_{k,1},x_{k,2},\cdots,x_{k,N_{t_k}}]^{\mathrm{H}}\in\mathbb{C}^{N_{t_k}\times 1}$$

满足发射功率约束条件 $(E(\boldsymbol{x}_k\boldsymbol{x}_k^{\mathrm{H}}))\leqslant P_{T_k}$，$P_{T_k}$ 是用户 k 的发射功率。用户 k 的发射天线与接收天线构成独立的信道矩阵，用 $\boldsymbol{H}_k$ 来表示，基站接收所有用户信号的数据流叠加，表示为

$$\boldsymbol{y}=\sum_{k=1}^{K}\boldsymbol{H}_k\boldsymbol{x}_k+\boldsymbol{n} \tag{2-8}$$

其中接收向量 $\boldsymbol{y}=[y_1,y_2,\cdots,y_{N_r}]^{\mathrm{H}}\in\mathbb{C}^{N_r\times 1}$；噪声向量 $\boldsymbol{n}=[n_1,n_2,\cdots,n_{N_r}]^{\mathrm{H}}\in\mathbb{C}^{N_r\times 1}$，每个元素是独立同分布的，服从均值为零，方差为 σ_n^2 的复高斯分布。基站使用多用户检测技术将多个用户的数据流分离。

与上行多址接入信道反向的操作是一个基站同时与多个用户进行通信，这种信道称为广播信道(BC)[61]，即无线通信的下行链路。图 2-3 给出了下行链路模型。

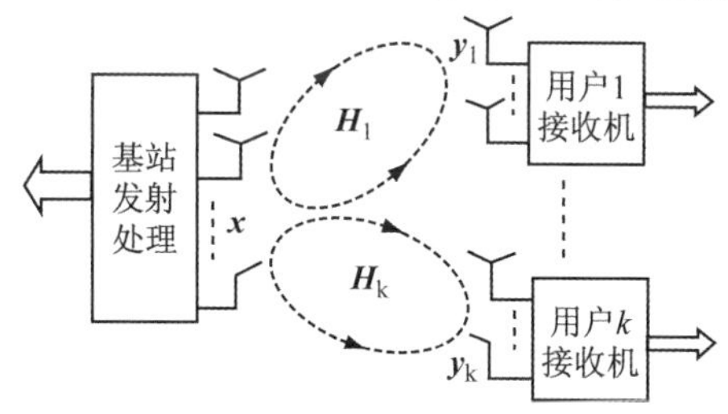

图 2-3　多用户 MIMO 下行链路系统模型

Fig. 2-3　Multi-user MIMO downlink system model

与上行链路的定义相似，假设基站发射天线数为 N_t，用户 $k(k=1,2,\cdots,K)$ 的接收天线数为 N_{r_k}，所有用户的总接收天线数为

$$N_r=\sum_{k=1}^{K}N_{r_k}$$

发射信号向量为

$$\boldsymbol{x}=[x_1,x_2,\cdots,x_{N_t}]^{\mathrm{H}}\in\mathbb{C}^{N_t\times 1}$$

第 k 个用户的接收信号向量为

$$\boldsymbol{y}_k=[y_{k,1},y_{k,2},\cdots,y_{k,N_{r_k}}]^{\mathrm{H}}\in\mathbb{C}^{N_{r_k}\times 1}$$

所有用户的总接收向量为

$$\boldsymbol{y}=[\boldsymbol{y}_1^{\mathrm{H}},\boldsymbol{y}_2^{\mathrm{H}},\cdots,\boldsymbol{y}_K^{\mathrm{H}}]^{\mathrm{H}}\in\mathbb{C}^{N_r\times 1}$$

发射天线与用户 k 之间的信道矩阵用 $\boldsymbol{H}_k\in\mathbb{C}^{N_{r_k}\times N_t}$ 表示，用户 k 的接收信号为

$$\boldsymbol{y}_k=\boldsymbol{H}_k\boldsymbol{x}+\boldsymbol{n}_k \tag{2-9}$$

其中 $\boldsymbol{n}_k=[n_1 n_2,\cdots,n_{N_{r_k}}]^{\mathrm{H}}\in\mathbb{C}^{N_{r_k}\times 1}$ 为加性噪声，每个元素服从均值为零，方差为 σ_n^2 的复高斯分布。

所有用户的接收信号为

$$\boldsymbol{y}=\boldsymbol{H}\boldsymbol{x}+\boldsymbol{n} \tag{2-10}$$

其中 $\boldsymbol{H}=[\boldsymbol{H}_1^{\mathrm{H}},\boldsymbol{H}_2^{\mathrm{H}},\cdots,\boldsymbol{H}_K^{\mathrm{H}}]^{\mathrm{H}}\in\mathbb{C}^{N_r\times N_t}$ 为发射天线到所有接收天线的信道矩阵，$\boldsymbol{n}=[\boldsymbol{n}_1^{\mathrm{H}},\boldsymbol{n}_2^{\mathrm{H}},\cdots,\boldsymbol{n}_K^{\mathrm{H}}]^{\mathrm{H}}\in\mathbb{C}^{N_r\times 1}$ 为所有用户接收的加性噪声。从形式上看，式(2-10)的多用户 MIMO 模型与式(2-3)的单用户 MIMO 模型相似，但是各用户从空间上相互分离，不同用户的接收天线之间不能协作，而单用户 MIMO 系统的所有接收天线可以联合处理接收信号。

在后文的研究中，第 7 章的预编码方法涉及信道相关矩阵，需要收发端联合处理，因此适用于单用户 MIMO 系统；第 3 章、第 4 章、第 5 章和第 6 章则适用于多用户 MIMO 下行链路系统；第 8 章适用于多小区 MIMO 系统。

2.4 信号传输模型

2.4.1 复数传输模型

根据 2.2,2.3 节的 MIMO 系统模型,本节给出了第 3～7 章中使用的包含预编码的统一 MIMO 传输模型,如图 2-4 所示。

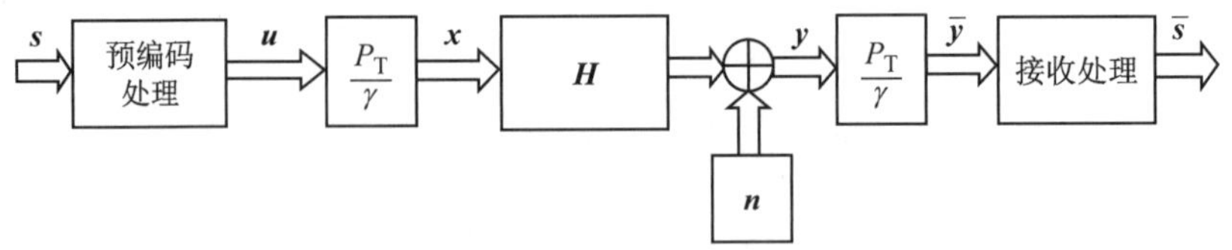

图 2-4 包含预编码的统一 MIMO 传输模型

Fig. 2-4 Uniformed MIMO transmission model consisting of precoding

图中,$\boldsymbol{s}=[s_1,s_2,\cdots,s_B]^{\mathrm{H}}\in\mathbb{C}^{B\times 1}$是原始的发射复数据流,其中 $B\leqslant N_t$ 为并行发送的数据流数目,$\boldsymbol{s}$ 中的元素取自方形 M 进制正交幅度调制(M-QAM)中的点,若不进行归一化,其平均功率为 $E[|s_b|^2]=\frac{M-1}{6}$。对并行数据流进行预编码后,获得预编码后的复数据流 $\boldsymbol{u}=[u_1,u_2,\cdots,u_{N_t}]^{\mathrm{H}}\in\mathbb{C}^{N_t\times 1}$,定义功率缩放因子 $\gamma=\sqrt{E[\|\boldsymbol{u}\|^2]}$,功率缩放化后的发射复数据流为 $\boldsymbol{x}=\frac{P_T}{\sqrt{E(\|\boldsymbol{u}\|^2)}}=[x_1,x_2,\cdots,x_{N_t}]^{\mathrm{H}}$,并且发射功率为 $E(\boldsymbol{x}^{\mathrm{H}}\boldsymbol{x})=P_T$。发射信号经过多天线信道后,得到接收信号为

$$\boldsymbol{y}=\boldsymbol{H}\boldsymbol{x}+\boldsymbol{n} \tag{2-11}$$

其中,$\boldsymbol{y}\in\mathbb{C}^{N_r\times 1}$是接收复数据流,$\boldsymbol{H}\in\mathbb{C}^{N_r\times N_t}$ 是多输入多输出信道,$\boldsymbol{n}\in\mathbb{C}^{N_r\times 1}$表示均值为零,方差为 σ_n^2 的独立同分布加性高斯白噪声,信噪比的定义与式(2-5)相同。当系统是单用户 MIMO 系统时,$\boldsymbol{y}$,$\boldsymbol{H}$ 和 $\boldsymbol{n}$ 的取值见 2.2 节定义;当系统是多用户 MIMO 下行链路时,$\boldsymbol{y}$,$\boldsymbol{H}$ 和 $\boldsymbol{n}$ 的取值见 2.3 节定义。接收信号经过反功率缩放处理后得到复数据流$\boldsymbol{y}\in\mathbb{C}^{N_r\times 1}$,最后对$\bar{\boldsymbol{y}}$进行信号处理,如接受均衡、模函数处理、量化和解调等,得到原始发射数据流的估计值$\hat{\boldsymbol{s}}=[\hat{s}_1,\hat{s}_2,\cdots,\hat{s}_B]^{\mathrm{H}}$。

2.4.2 等效实数传输模型

本书中,如果使用实数模型,有利于对格基规约算法的分析及性能改进,因此,将 2.4.1 节中的复数系统模型转化等效的实数模型。所谓等效实数模型,是把复数矩阵或者向量的实部和虚部拆分,重新组合构成实数矩阵或者向量。以元素为复数的矩阵 $\boldsymbol{A}$ 和向量 $\boldsymbol{a}$ 为例,分别将矩阵和向量的实部和虚部拆分,得到矩阵和向量的等价实数模型为[62]

$$\boldsymbol{A}_r=\begin{bmatrix}\mathcal{R}\{\boldsymbol{A}\} & -\mathcal{I}\{\boldsymbol{A}\}\\ \mathcal{I}\{\boldsymbol{A}\} & \mathcal{R}\{\boldsymbol{A}\}\end{bmatrix},\ \boldsymbol{a}_r=\begin{bmatrix}\mathcal{R}\{\boldsymbol{a}\}\\ \mathcal{I}\{\boldsymbol{a}\}\end{bmatrix} \tag{2-12}$$

其中,$\boldsymbol{A}_r$ 和 $\boldsymbol{a}_r$ 分别为矩阵 $\boldsymbol{A}$ 和向量 $\boldsymbol{a}$ 的等价实数模型,$\mathcal{R}\{\cdot\}$表示取实部运算,$\mathcal{J}\{\cdot\}$表示取虚部运算,通过使用等价实数模型,向量的列数变为原来复数模型的两倍,行数不变,矩阵的列

数和行数分别为原复数模型的两倍。

因此，2.4.1 节的传输模型的等价实数模型为

$$\boldsymbol{y}_{\mathrm{r}} = \boldsymbol{H}_{\mathrm{r}}\boldsymbol{x}_{\mathrm{r}} + \boldsymbol{n}_{\mathrm{r}} \tag{2-13}$$

等价于

$$\begin{bmatrix}\mathscr{R}\{\boldsymbol{y}\}\\ \mathscr{T}\{\boldsymbol{y}\}\end{bmatrix} = \begin{bmatrix}\mathscr{R}\{\boldsymbol{H}\} & -\mathscr{T}\{\boldsymbol{H}\}\\ \mathscr{T}\{\boldsymbol{H}\} & \mathscr{R}\{\boldsymbol{H}\}\end{bmatrix}\begin{bmatrix}\mathscr{R}\{\boldsymbol{x}\}\\ \mathscr{T}\{\boldsymbol{x}\}\end{bmatrix} + \begin{bmatrix}\mathscr{R}\{\boldsymbol{n}\}\\ \mathscr{T}\{\boldsymbol{n}\}\end{bmatrix} \tag{2-14}$$

同理，可获得复数向量 $\boldsymbol{s}$，$\boldsymbol{u}$，$\bar{\boldsymbol{y}}$ 和$\hat{\boldsymbol{s}}$的等价实数模型。使用等价实数模型不会改变原复数模型的幅度和相位特点。

为了分析方便起见，后文中第 3 章、第 4 章将使用等效实数模型对格基规约算法进行分析和改进，第 5～8 章仍使用复数系统模型。

2.5　信号星座图

信号 $\boldsymbol{s}$ 的元素取自星座图中。不考虑信道编码，在每次信道实现时，信源按平均分布独立生成二进制比特流，然后将二进制比特流映射到 M(M=4,16,64)点正交幅度调制(M-QAM)的方形星座图上，星座图采用格雷编码，比特流映射到星座图的集合为：$\zeta = \left\{\pm\frac{1}{2},\pm\frac{3}{2},\cdots,\pm\frac{(\sqrt{M}-1)}{2}\right\} + j\cdot\left\{\pm\frac{1}{2},\pm\frac{3}{2},\cdots,\pm\frac{(\sqrt{M}-1)}{2}\right\}$[63]。如果采用等效实数模型，等价于把复数星座图映射为实数星座图，即把 M-QAM 星座图映射到实数轴上的 A($A=\sqrt{M}$)点幅移键控(A-ASK)星座图，映射集合为 $\zeta_r = \left\{\pm\frac{1}{2},\pm\frac{3}{2},\cdots,\pm\frac{(A-1)}{2}\right\}$，图 2-5 给出了两种星座图以及映射关系[64]。

后面章节中，当系统传输模型采用等效实数模型时，信源比特流采用 A-ASK 星座图调制，而系统模型采用复数模型时，信源比特流采用 M-QAM 星座图调制。

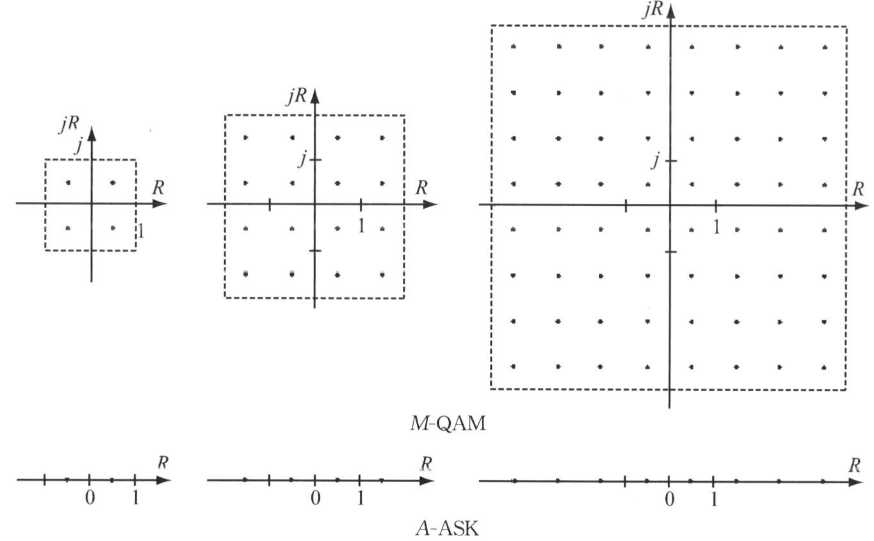

图 2-5　M-QAM 的方形星座图与 A-ASK 星座图的映射关系

Fig. 2-5　Mapping relationship between the constellation of M-QAM and A-ASK

2.6 本章小结

本章介绍了无线信道的衰落特征，包括时间选择性衰落、频率选择性衰落、空间选择性衰落、快衰落、慢衰落和平坦衰落等。针对窄带 MIMO 系统或者宽带 MIMO-OFDM 系统子载波等价的窄带 MIMO 系统，介绍了平坦衰落单用户 MIMO 系统模型和平坦衰落多用户 MIMO 系统模型。本书第 7 章的设计适用于单用户系统，第 3 章、第 4 章、第 5 章和第 6 章的设计适用于多用户系统，第 8 章适用于多小区 MIMO 系统。

根据信号的传输模型，本章还介绍了复数信号传输模型和等价实数传输模型，其中第 5 章到第 8 章使用复数信号模型，第 3 章和第 4 章使用等价实数信号模型。

第 3 章　基于格基规约算法的预编码

本章首先介绍了经典的预编码算法模型，包括线性预编码和 THP 模型，可以看出预编码矩阵的设计与信道矩阵的特点密切相关，当信道矩阵是病态的，对预编码的系统性能也会产生较大的影响。为了改善信道条件，文献[33]首先提出把格基规约的思想应用到 MIMO 系统检测中，文献[34]进一步将其应用到预编码中，将信道矩阵视为格的产生矩阵，通过格基规约算法改变信道矩阵的正交特性，降低噪声的增强程度。因此，本章首先介绍了格基规约的基本思想，描述了基于格基规约的基本预编码模型和基于 QR 分解的预编码模型；然后，分析了三种多项式时间计算复杂度的格基规约算法，对不同结构下的预编码性能进行了理论分析和仿真比较，分别给出了理论分析性能曲线和误码率性能曲线，总结出不同格基规约算法各自适用的环境。为了分析方便，本章中均假设 $N_t = N_r = K$，即收发天线数等于接收用户数，且每个用户只有一根接收天线。

3.1　经典预编码模型

3.1.1　线性预编码模型

线性预编码是指在发射端（基站）通过乘法处理获得平行子信道，从而对 CCI 进行预消除。图 3-1 给出了基于 ZF 准则的线性预编码传输框图[21]。

根据 ZF 准则，发射预编码矩阵 $\boldsymbol{F}$ 应满足 $\boldsymbol{HF}=\boldsymbol{I}$，使得 CCI 可以在发射端消除，所以 $\boldsymbol{F}=\boldsymbol{H}^{\dagger}$，这样发射信号为

$$\boldsymbol{x} = \frac{1}{\gamma}\boldsymbol{Fs} = \frac{1}{\sqrt{E[\|\boldsymbol{Fs}\|^2]}}\boldsymbol{Fs} \tag{3-1}$$

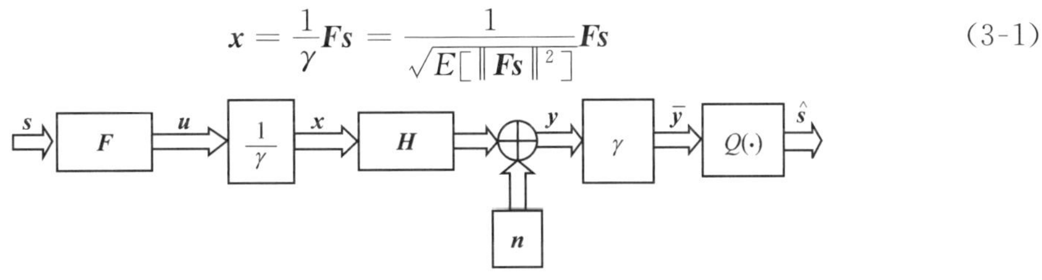

图 3-1　线性预编码传输图

Fig. 3-1　Block-diagram of linear precoding

为了分析方便，这里把发射信号进行了归一化处理，即令 $P_T=1$。发射信号经过信道后，接收信号为

$$\bar{\boldsymbol{y}} = \gamma\left(\frac{1}{\gamma}\boldsymbol{HFs}+\boldsymbol{n}\right) = \boldsymbol{s}+\gamma\boldsymbol{n} \tag{3-2}$$

对 $\bar{\boldsymbol{y}}$ 进行量化后得到原始信号的估计值 $\hat{\boldsymbol{s}}$。可以发现，这是一种最简单的预编码方法，通过使用 $\boldsymbol{H}^{\dagger}$ 进行预编码，CCI 在发射端被提前消除，获得平行子信道。

3.1.2　THP 预编码模型

与线性预编码不同，THP 通过三角分解将信道分解为具有单向干扰的三角矩阵，即第 K

个用户不受其他用户干扰，第 $K-1$ 个用户只受到第 K 个用户干扰，第 $K-2$ 个用户将受到第 $K-1$ 个和第 K 个用户干扰，依次类推，通过连续干扰消除的方法，使得后层数据流逐次消除前层数据流的干扰，从而提高干扰消除的性能。图 3-2 给出了 THP 预编码实现流程图[30]。

首先对信道矩阵 $\boldsymbol{H}^{\mathrm{T}}$ 进行 QR 分解，得到

$$\boldsymbol{H} = \boldsymbol{S}\boldsymbol{F}^{\mathrm{T}} \tag{3-3}$$

其中 $\boldsymbol{S}$ 为下三角矩阵，$\boldsymbol{F}$ 为酉矩阵。定义对角阵 $\boldsymbol{\Gamma}$

$$\boldsymbol{\Gamma} = \mathrm{diag}(1/S_{1,1}, 1/S_{2,2}, \cdots, 1/S_{2K,2K}) \tag{3-4}$$

其中 $[S_{1,1}, S_{2,2}, \cdots, S_{2K,2K}]$ 是 $\boldsymbol{S}$ 的对角元素，注意这里使用的是等价实数模型。

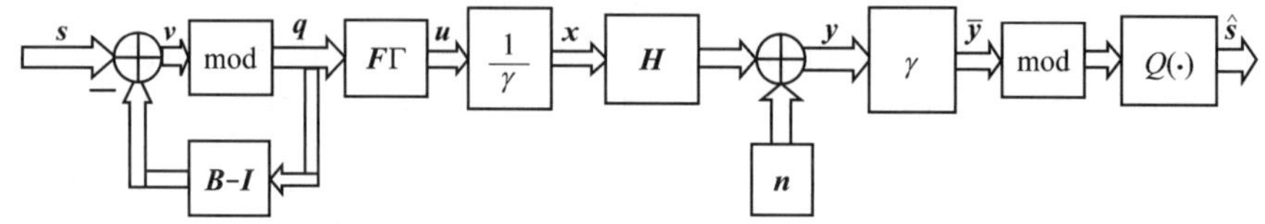

图 3-2　THP 预编码实现流程图

Fig. 3-2　Block-diagram of THP

定义反馈矩阵

$$\boldsymbol{B} = \boldsymbol{S}\boldsymbol{\Gamma} \tag{3-5}$$

显然，$\boldsymbol{HF\Gamma B}^{-1} = \boldsymbol{I}$ 成立，满足 ZF 准则。

信号源 $\boldsymbol{s}$ 经过反馈环处理的过程如下

$$\begin{aligned} q_1 &= \mathrm{mod}_\tau(s_1) \\ q_2 &= \mathrm{mod}_\tau(s_2 - \boldsymbol{B}_{2,1} q_1) \\ &\cdots\cdots \\ q_{2K} &= \mathrm{mod}_\tau\Big(s_{2K} - \sum_{j=1}^{2k-1} \boldsymbol{B}_{2k,j} q_j\Big) \end{aligned} \tag{3-6}$$

其中，取模运算 mod 的作用是限制信号幅度，从而降低发射功率，在功率约束的条件下等价于提高了信噪比。模运算的定义如下

$$\mathrm{mod}_\tau(a_r + j \cdot a_i) = \left(a_r - \left\lfloor \frac{a_r + \frac{\tau}{2}}{\tau} \right\rfloor \tau\right) + j \cdot \left(a_i - \left\lfloor \frac{a_i + \frac{\tau}{2}}{\tau} \right\rfloor \tau\right) \tag{3-7}$$

当星座图为 M-QAM 和等价的 A-ASK 星座图时，$\tau = A = \sqrt{M}$。取模运算通过一定的处理对信号进行整形，而该运算不能表示为原信号的线性组合，因此是非线性运算，其物理意义分析详见文献[43]。

发射信号经过信道，通过功率缩放处理后，得到的信号为

$$\bar{\boldsymbol{y}} = \boldsymbol{HF\Gamma q} + \gamma \boldsymbol{n} = \boldsymbol{Bq} + \gamma \boldsymbol{n} \tag{3-8}$$

以第 $2K$ 个数据点处理为例，得到

$$\begin{aligned} \bar{y}_{2K} &= \sum_{j=1}^{2K} \boldsymbol{B}_{2K,j} q_j + \gamma n_{2K} \\ &= q_{2K} + \sum_{j=1}^{2K-1} \boldsymbol{B}_{2K,j} q_j + \gamma n_{2K} \end{aligned} \tag{3-9}$$

在发射端的取模运算中，相当于对信号增加了 τ 的整数倍的加性干扰，在接收端需要进行

同样的操作去干扰，因此对$\bar{y}_{2K}$进行取模运算得到

$$\begin{aligned}\mathrm{mod}_{\tau}(\bar{y}_{2K}) &= \mathrm{mod}_{\tau}\left(q_{2K} + \sum_{j=1}^{2K-1} \boldsymbol{B}_{2K,j}q_j + \gamma n_{2K}\right) \\ &= \mathrm{mod}_{\tau}\left(s_{2K} - \sum_{j=1}^{2k-1} \boldsymbol{B}_{2k,j}q_j + \sum_{j=1}^{2K-1} \boldsymbol{B}_{2K,j}q_j + \gamma n_{2K}\right) \\ &= \mathrm{mod}_{\tau}(s_{2K} + \gamma n_{2K}) \\ &= s_{2K} + \mathrm{mod}_{\tau}(\gamma n_{2K})\end{aligned} \tag{3-10}$$

由于 s_{2K}是 A-ASK 星座图中的点，在模操作的边界之内，因此模操作不会影响 s_{2K}的取值。最后，经过量化后得到$\hat{s}_{2K}$。依此类推，可以获得$\bar{\boldsymbol{y}}$和$\hat{\boldsymbol{s}}$中的所有元素。

3.1.3　存在的问题

在预编码中，为了满足功率约束存在功率缩放因子 γ，而 γ 对噪声会产生影响，从式(3-9)可以看出，γ 越大，量化处理前的噪声 $\gamma \boldsymbol{n}$ 越大，从而造成系统性能变差，因此 γ 的值对系统性能的优劣具有重要作用。γ 是通过预编码矩阵求解出来的，而预编码矩阵的性质与信道矩阵的性质密切相关，所以，信道矩阵的特点将会对 γ 产生影响，当信道矩阵存在病态奇异值时，γ 将会无穷大，从而无限放大噪声，使得系统无法解调用户数据信号。以线性预编码为例，从式(3-1)得到

$$\gamma^2 = E[\|\boldsymbol{Fs}\|^2] = E[\boldsymbol{s}^{\mathrm{H}}\boldsymbol{F}^{\mathrm{H}}\boldsymbol{Fs}] = E[\boldsymbol{s}^{\mathrm{H}}(\boldsymbol{HH}^{\mathrm{H}})^{\dagger}\boldsymbol{s}] \tag{3-11}$$

对$(\boldsymbol{HH}^{\mathrm{H}})^{\dagger}$ 进行奇异值分解得到$(\boldsymbol{HH}^{\mathrm{H}})^{\dagger}=\boldsymbol{UVU}^{\mathrm{H}}$，则式(3-11)可以表达为

$$\gamma^2 = E[\boldsymbol{s}^{\mathrm{H}}(\boldsymbol{HH}^{\mathrm{H}})^{\dagger}\boldsymbol{s}] = E\left[\sum_{j=1}^{2K} v_j \|s_j \boldsymbol{u}_j\|^2\right] \tag{3-12}$$

其中 v_j 是矩阵 $\boldsymbol{V}$ 对角线上的第 j 个元素值，$\boldsymbol{u}_j$ 是 $\boldsymbol{U}$ 第 j 个行向量。可以看出，γ 值会随奇异值的增大而增大。为了获得$(\boldsymbol{HH}^{\mathrm{H}})^{\dagger}$ 奇异值的特点，进行了信道仿真，对$(\boldsymbol{HH}^{\mathrm{H}})^{\dagger}$ 做奇异值分解，信道的元素服从瑞利分布，4×4 收发天线矩阵，经过 5 000 次信道实现仿真，图 3-3 给出了每次信道实现过程中的最大奇异值。

从图 3-3 中可以看出，$(\boldsymbol{HH}^{\mathrm{H}})^{\dagger}$ 的最大奇异值可以达到 10^4 以上，而仿真中 $\boldsymbol{H}$ 的元素值功率归一化为 1，相对于 1 而言，最大奇异值接近于无穷大，因此会造成噪声的显著增强，这样的信道称为病态信道。

除了用最大奇异值来直接衡量信道特性外，还可以使用条件数来衡量信道的正交特性。所谓条件数，是指信道矩阵的最大奇异值和最小奇异值的比值，即

$$\delta(\boldsymbol{A}) = \frac{\sigma_{\max}}{\sigma_{\min}} \tag{3-13}$$

其中，$\sigma_{\max}$和 $\sigma_{\min}$分别是矩阵 $\boldsymbol{A}$ 的最大奇异值和最小奇异值，条件数越小，说明矩阵的正交特性越好，奇异值分布越平坦，变化越小。在和图 3-3 相同的仿真条件下，图 3-4 给出了 5 000 次信道实现中的条件数。图 3-4 呈现了与图 3-3 相似的特点，最大的条件数大于 1.8×10^4，此时信道也是病态的，因此，同样可以用条件数来衡量信道特性的好坏。

从前文分析中可以看出，当信道是病态的，会使线性预编码的性能显著下降，对于非线性预编码，病态信道也同样会对系统产生严重的影响。为了减小病态信道矩阵的影响，通常使用正则化方法，即在预编码矩阵中保留一些残余干扰，使得预编码矩阵不完全受病态信道的影

响，但是这种方法获得的性能增益是有限的，并不能增大分集阶数。为了从本质上改善信道的特性，文献[33]提出了将格基规约的思想应用到信道矩阵上，通过对信道矩阵进行格基规约运算，改善信道的正交特性，从而减小信道的病态特性，改善系统性能。下文中将给出格基规约思想概述，以及在预编码中的应用和性能分析仿真。

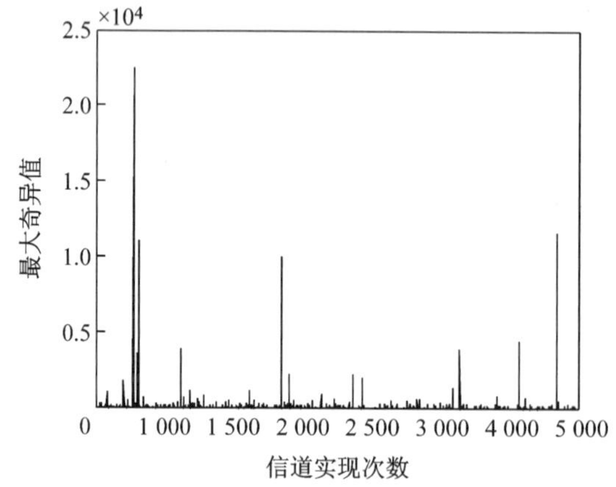

图 3-3　信道实现中的最大奇异值

Fig. 3-3　Maximum singular value of different channel realization

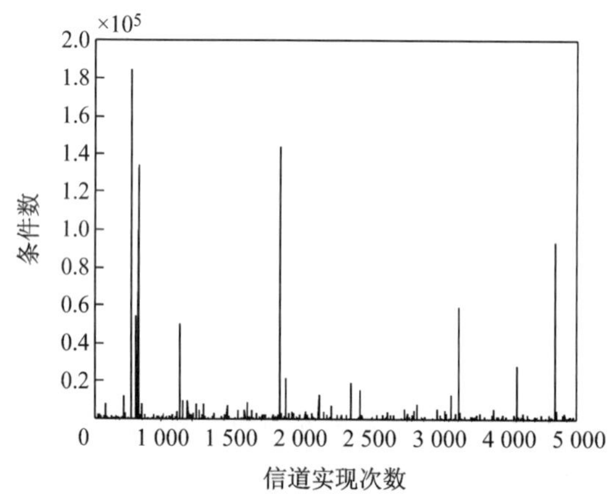

图 3-4　信道实现中的条件数

Fig. 3-4　Conditional number of different channel realization

3.2　格基规约概述

3.2.1　基本概念

格论在数学、密码学、计算机科学中有许多应用，其中最短向量问题和最近向量问题是其中的两个重要问题，而格基规约是解决这两个问题的有效手段[65-66]。本节给出格和格基规约的数学描述[67]。

定义 1　设 m 和 n 是两个正整数，$\mathbb{R}^m$ 是 m 维实向量空间，如果存在 n 个线性独立的 m 维

向量 $\boldsymbol{b}_1,\cdots,\boldsymbol{b}_n \in \mathbb{R}^m$，格 L 就是定义在$\mathbb{R}^m$ 上的离散可加的子群，即

$$L = L(\boldsymbol{B}) = \{\eta_1\boldsymbol{b}_1 + \eta_2\boldsymbol{b}_2 + \cdots + \eta_n\boldsymbol{b}_n \mid \eta_i \in \mathbb{Z}\} \tag{3-14}$$

其中 $\boldsymbol{B}=[\boldsymbol{b}_1,\boldsymbol{b}_2,\cdots,\boldsymbol{b}_n]$是 $m\times n$ 维矩阵，分别称 $\boldsymbol{b}_1,\cdots,\boldsymbol{b}_n$ 和 $\boldsymbol{B}$ 为格 L 的基向量和产生矩阵。

定义 2　格 L 的基向量和产生矩阵分别为 $\boldsymbol{b}_1,\cdots,\boldsymbol{b}_n \in \mathbb{R}^m$ 和 $\boldsymbol{B}$，那么其对偶格 $L^{\#}$ 的基矩阵为

$$\boldsymbol{B}^{\#} = \boldsymbol{B}(\boldsymbol{B}^{\mathrm{H}}\boldsymbol{B})^{-1} \tag{3-15}$$

其中 $\boldsymbol{B}^{\#}$ 的列向量 $\boldsymbol{b}_1^{\#},\boldsymbol{b}_2^{\#},\cdots,\boldsymbol{b}_n^{\#}$ 是格 $L^{\#}$ 的基向量，也称为 $\boldsymbol{b}_1,\cdots,\boldsymbol{b}_n$ 的对偶基向量。

格 L 的行列式定义为 $\det(L)=\det(<\boldsymbol{b}_i,\boldsymbol{b}_j>)_{1\leqslant i,j\leqslant n}^{1/2}$，它是格所张成的平行基本块 $\{\gamma_1\boldsymbol{b}_1+\gamma_2\boldsymbol{b}_2+\cdots+\gamma_n\boldsymbol{b}_n \mid 0\leqslant\gamma_i<1\}$的体积。一般来说，格 L 可以有多种不同的基向量集合，但是只有一个行列式值。

所谓格基规约是指在给定的格内，对已知的基向量进行特定的变化，寻找出一组更短和相对更为正交的基向量。图 3-5 给出了较为直观的表示，已知 $\boldsymbol{p}_1\boldsymbol{p}_2$ 是构成格的一组基，经过格基规约处理后，可寻找出格的另外一组基 $\boldsymbol{q}_1\boldsymbol{q}_2$，显然 $\boldsymbol{q}_1\boldsymbol{q}_2$ 比 $\boldsymbol{p}_1\boldsymbol{p}_2$ 长度更短，相对来说更为正交。可见，格的基向量并不唯一，可以通过格基规约的方法寻找正交条件更好的基向量。

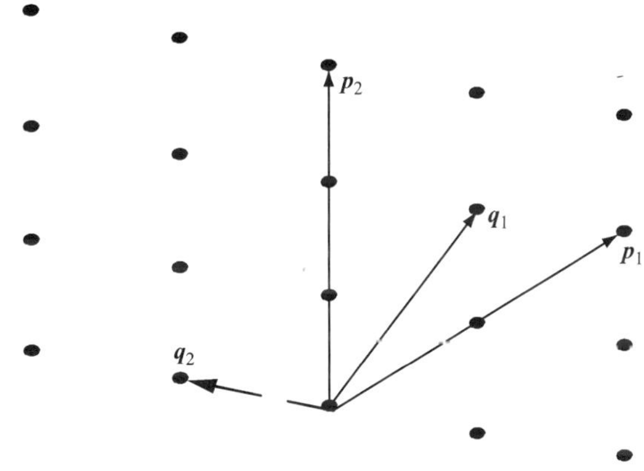

图 3-5　格基规约示意图

Fig. 3-5　Demonstration of lattice-reduction

定理 1　设格 L 的生成矩阵为 $\boldsymbol{B}$，对 $\boldsymbol{B}$ 进行格基规约，可得到格的另外一个生成矩阵 $\boldsymbol{B}_r$，并满足下面的等式

$$\boldsymbol{B}_r = \boldsymbol{B}\boldsymbol{T} \tag{3-16}$$

其中 $\boldsymbol{B}_r$ 的列向量是规约基，$\boldsymbol{T}$ 是幺模矩阵，即矩阵的组成元素是 0 和 ±1，并且行列式值 $|\det(\boldsymbol{T})|=1$。$\boldsymbol{B}_r$ 矩阵也是格 L 的生成矩阵，因此 $|\det(\boldsymbol{B}_r)|=|\det(\boldsymbol{B})|$ 成立。

使用不同的格基规约标准，可以获得不同性质的规约基，并且获得的正交条件数不相同，计算复杂度也不相同。下面给出几种典型的格基规约标准。

定义 3　格 L 的基向量 $\boldsymbol{B}=[\boldsymbol{b}_1,\boldsymbol{b}_2,\cdots,\boldsymbol{b}_n]$称为 Minkowski 规约的，如果下列条件成立

(1) $\boldsymbol{b}_1$ 是格 L 中的最短非零向量；

(2) 当 $i=2,\cdots,n$ 时，$\boldsymbol{b}_i$ 是格 L 中能够使$[\boldsymbol{b}_1,\boldsymbol{b}_2,\cdots,\boldsymbol{b}_i]$可能扩张成格 L 的最短非零向量。

寻找 Minkowski 规约基向量相当于寻找格中的最短基向量，$\boldsymbol{b}_i$ 是从格 L 的最短基向量中

选择的，而不是在$[\boldsymbol{b}_1,\boldsymbol{b}_2,\cdots,\boldsymbol{b}_{i-1}]$的线性组合中选择，因此$[\boldsymbol{b}_1,\boldsymbol{b}_2,\cdots,\boldsymbol{b}_i]$并不一定能扩张成格$L$，所以寻找 Minkowski 规约基向量是 NP-hard 的，没有多项式时间算法解决这个问题。

定义 4 格L的基向量$\boldsymbol{B}=[\boldsymbol{b}_1,\boldsymbol{b}_2,\cdots,\boldsymbol{b}_n]$称为 Korkine-Zolotareff(KZ)规约的[68]，如果下列条件成立

(1) $\boldsymbol{b}_1$是格L中的最短非零向量；

(2) 当$i=2,\cdots,n$时，设S_i是$[\boldsymbol{b}_1,\boldsymbol{b}_2,\cdots,\boldsymbol{b}_{i-1}]$扩展的$n-1$维子空间，$S_i^{\perp}$在实数空间中为$S_i$的正交补空间，设$P_i(L)$为格$L$在$S_i$上的正交映射，那么$\boldsymbol{b}_i$能够使$P_i(\boldsymbol{b}_i)$成为$P_i(L)$中的最短非零向量；

(3) 当$1\leqslant i<j\leqslant n$时

$$|<P_i(i),P_i(j)>|\leqslant\frac{1}{2}\|P_i(i)\|^2 \tag{3-17}$$

计算 KZ 规约到目前为止仍然没有多项式时间级复杂度的算法。

定义 5 格L的基向量$\boldsymbol{B}=[\boldsymbol{b}_1,\boldsymbol{b}_2,\cdots,\boldsymbol{b}_n]$称为 Lenstra, Lenstra and Lovász(LLL)规约的[69]，如果下列条件成立

(1) $|\mu_{i,j}|\leqslant\frac{1}{2}\quad 1\leqslant j<i\leqslant 1$；

(2) $\delta\|\boldsymbol{b}_{i-1}^*\|^2\leqslant\|\boldsymbol{b}_i^*+\mu_{ij}\boldsymbol{b}_{i-1}^*\|^2\quad \frac{1}{4}<\delta\leqslant 1$。 (3-18)

其中$\boldsymbol{b}_1^*,\cdots,\boldsymbol{b}_n^*,\mu_{i,j}$的是$\boldsymbol{b}_1,\boldsymbol{b}_2,\cdots,\boldsymbol{b}_n$的 Gram-Schmidt 正交化矩阵和系数。

用多项式时间复杂度的算法可以得到 LLL 规约的基向量，因此在实际中 LLL 算法得到了广泛的使用。

定义 6 格L的产生矩阵为$\boldsymbol{B}=[\boldsymbol{b}_1,\boldsymbol{b}_2,\cdots,\boldsymbol{b}_n]$，其对偶格$L^{\#}$的产生矩阵为$\boldsymbol{B}^{\#}=[\boldsymbol{b}_1^{\#},\boldsymbol{b}_2^{\#},\cdots,\boldsymbol{b}_n^{\#}]$，定义$S(\boldsymbol{B})\triangleq\sum_{i=1}^{K}\|\boldsymbol{b}_i\|^2\boldsymbol{b}_i^{\#}\|^2$，通过对第$(i,j)$对基向量更新后的一组基向量为

$$\boldsymbol{B}_{i,j}=[\boldsymbol{b}_1,\cdots,\boldsymbol{b}_{i-1},\boldsymbol{b}'_i,\boldsymbol{b}_{i+1},\cdots,\boldsymbol{b}_K]\quad \boldsymbol{b}'_i=\boldsymbol{b}_i+\omega_{i,j}\boldsymbol{b}_j \tag{3-19}$$

其中的更新系数$\omega_{i,j}$的定义如下

$$\omega_{i,j}=\operatorname{int}\left(\frac{1}{2}\left(\frac{\boldsymbol{b}_j^{\#}\boldsymbol{b}_i^{\#}}{\|\boldsymbol{b}_i^{\#}\|^2}-\frac{\boldsymbol{b}_j^H\boldsymbol{b}_i}{\|\boldsymbol{b}_j^{\#}\|^2}\right)\right) \tag{3-20}$$

如果$\omega_{i,j}$不等于零，通过基向量更新后下式成立

$$S(\boldsymbol{B}_{i,j})<S(\boldsymbol{B}) \tag{3-21}$$

当对所有的(i,j)对基向量更新后，$\omega_{i,j}=0$，会获得最小的$S(\boldsymbol{B}_{i,j})$，即$S(\boldsymbol{B})-S(\boldsymbol{B}_{i,j})$最小，此时称格$L$是 Seysen 规约的[70]。Seysen 规约的实现也是多项式复杂度，并且能够同时规约对偶基，因此也得到了广泛的关注。

Minkowski 规约、KZ 规约、LLL 规约和 Seysen 规约是目前几种典型的格基规约标准，通过不同的算法可以获得不同正交性质的规约基，但是针对前两种规约的算法过于复杂。在实际应用中，常使用后两种规约算法，即多项式时间复杂度的格基规约算法。下节将具体描述这两种格基规约算法以及一种引申算法，并在后文的预编码中使用。

3.2.2 LLL 算法、深度搜索 LLL 算法、Seysen 算法流程

对于不满足 LLL 规约条件的矩阵，可以通过 LLL 算法变换得到满足条件的格基规约矩

阵。具体算法主要包括两个步骤[71]，第一步是长度规约，首先寻找所有不满足定义 5 中的条件(1)的列向量 $\boldsymbol{b}_j$，即 $|\mu_{i,j}|>\frac{1}{2}$，然后通过运算 $\boldsymbol{b}_i-\xi_{i,j}\boldsymbol{b}_j$ 代替 $\boldsymbol{b}_j$，其中 $\xi_{i,j}$ 是最接近 $\mu_{i,j}$ 的整数，这个过程称为对 $\boldsymbol{b}_j$ 的映射和加重，最后更新 $\mu_{i,j}$ 的值；第二步是列向量交换(Column Exchange)，在第一步操作的基础上，将不满足定义 5 中的条件(2)的列向量进行交换($\boldsymbol{b}_i\leftrightarrow\boldsymbol{b}_{i-1}$)，并更新相应的 $\mu_{i,j}$ 值。第二步操作又会使一部分列向量不满足条件(1)，所以要返回第一步继续变换，这样第一步和第二步将迭代进行，直到所有列向量均满足条件(1)和(2)，算法收敛，得到满足 LLL 规约的基矩阵。图 3-6 给出了 LLL 算法的实现流程。

```
Input: B, λ
Step 1: initialization
    [Q,R]=Gram-Schmidt(B); T=I_K; i=2;
Step 2: size-reduction
    if i≤K
      for j=i-1,…,1
        η=int(R(j,i)/R(j,j))
        if η≠0
          R(1:j,i)=R(1:j,i)-ηR(1:j,j)
          T(:,i)=T(:,i)-ηT(:,j)
    end
      end
Step3: column exchange
    if λR(i-1,i-1)^2>R(i,i)^2+R(i-1,i)^2
      exchange columns R(:,i)↔R(:,i-1);
          T(:,i)↔T(:,i-1);
      α=R(i-1,i-1)/R(i-1:i,i-1);
      β=R(i,i-1)/R(i-1:i,i-1);
      Φ=[α β; -β α];
      R(i-1:i,i-1:K)=ΦR(i-1:i,i-1:K);
      Q(:,i-1:i)=Q(:,i-1:i)Φ^T;
      i=max(i-1,2);
    else
      i=i+1;
    end
      goto  step2;
    end
Output: B_r=QR,T。
```

图 3-6　LLL 算法实现流程

Fig. 3-6　Program of LLL lattice reduction

在 LLL 算法的基础上，文献[72]又进行了改进，对 LLL 算法中列交换步骤进行深度搜索，以找到更合适的交换列，称为深度搜索 LLL 算法(dLLL)，深度搜索 LLL 算法仍然是多项式时间复杂度的，只是在列向量交换步骤中增加了列向量比较的次数，其余算法与 LLL 算法相似，这里不再做详细描述。

与 LLL 算法不同的是，Seysen 算法对基向量和对偶基向量同时进行迭代更新，直到达到 Seysen 规约条件。具体过程如图 3-7。

Input: $\boldsymbol{B},\boldsymbol{B}^{\#},\boldsymbol{G}=\boldsymbol{B}^H\boldsymbol{B},\boldsymbol{G}^{\#}=\boldsymbol{B}^{\#H}\boldsymbol{B}^{\#}$;

Step 1: Initialization $\omega_{i,j}=\text{int}(\varepsilon_{i,j})$ $\varepsilon_{i,j}=\frac{1}{2}\left(\frac{\boldsymbol{b}_j^{\#}\boldsymbol{b}_i^{\#}}{\|\boldsymbol{b}_i^{\#}\|^2}-\frac{\boldsymbol{b}_j^H\boldsymbol{b}_i}{\|\boldsymbol{b}_j^{\#}\|^2}\right)$; $\boldsymbol{T}=\boldsymbol{I}_K$

$\boldsymbol{B}_{i,j}=[\boldsymbol{b}_1\cdots\boldsymbol{b}_{i-1}\boldsymbol{b}_i'\boldsymbol{b}_{i+1}\cdots\boldsymbol{b}_K]$ $\boldsymbol{b}_i'=\boldsymbol{b}_i+\omega_{i,j}\boldsymbol{b}_j$;

$\boldsymbol{B}_{i,j}^{\#}=[\boldsymbol{b}_1^{\#}\cdots\boldsymbol{b}_{j-1}^{\#}\boldsymbol{b}_j'\boldsymbol{b}_{j+1}^{\#}\cdots\boldsymbol{b}_K^{\#}]$ $\boldsymbol{b}_j^{\#'}=\boldsymbol{b}_j^{\#}+\omega_{i,j}^*\boldsymbol{b}_i^{\#}$;

$\Delta_{i,j}=S(\boldsymbol{B})-S(\boldsymbol{B}_{i,j})$

$=\|\boldsymbol{b}_i\|^2\|\boldsymbol{b}_i^{\#}\|^2+\|\boldsymbol{b}_j\|^2\|\boldsymbol{b}_j^{\#}\|^2-\|\boldsymbol{b}_i'\|^2\|\boldsymbol{b}_i^{\#}\|^2-\|\boldsymbol{b}_j\|^2\|\boldsymbol{b}_j^{\#'}\|^2$

$=2\boldsymbol{G}_{j,j}\boldsymbol{G}_{i,i}^{\#}(2\mathcal{R}(\omega_{i,j}^*\varepsilon_{i,j})-|\omega_{i,j}|^2)$

Step2: iteration until $\varepsilon_{i,j}=0$ for all (i,j)

(1) select $(s,t)=\arg\max\limits_{(i,j)}\Delta_{i,j}$;

update $\boldsymbol{T}=[\boldsymbol{t}_1\cdots\boldsymbol{t}_{s-1}\boldsymbol{t}_s'\boldsymbol{t}_{s+1}\cdots\boldsymbol{t}_K]$ $\boldsymbol{t}_s'=\boldsymbol{t}_s+w_{s,t}\boldsymbol{t}_t$;

update $\boldsymbol{B}$ and $\boldsymbol{B}^{\#}$ similar with $\boldsymbol{T}$;

(2) update $\boldsymbol{G}$ and $\boldsymbol{G}^{\#}$

$\boldsymbol{G}_{s,j}'=(\boldsymbol{b}_s+\omega_{s,t}\boldsymbol{b}_t)^H\boldsymbol{b}_j=\boldsymbol{G}_{s,j}+\omega_{s,t}^*\boldsymbol{G}_{t,j}$ $j\neq s$

$\boldsymbol{G}_{s,s}'=\|\boldsymbol{b}_s'\|^2$, $\boldsymbol{G}_{j,s}'=\boldsymbol{G}_{s,j}'^*$

$\boldsymbol{G}_{t,j}^{\#'}=(\boldsymbol{b}_t^{\#}+\omega_{s,t}^*\boldsymbol{b}_s^{\#})^H\boldsymbol{b}_j^{\#}=\boldsymbol{G}_{t,j}^{\#}+\omega_{s,t}\boldsymbol{G}_{s,j}^{\#}$ $j\neq t$

$\boldsymbol{G}_{t,t}'=\|\boldsymbol{b}_t^{\#'}\|^2$, $\boldsymbol{G}_{j,t}^{\#'}=\boldsymbol{G}_{t,j}^{\#'*}$

(3) update $\omega_{i,j}$ and $\Delta_{i,j}$ with new $\boldsymbol{G}$ and $\boldsymbol{G}^{\#}$

Output: $\boldsymbol{B}_r=\boldsymbol{BT}$。

图 3-7 Seysen 算法实现流程

Fig. 3-7 Program of Seysen lattice reduction

本节给出了 LLL 算法、Seysen 算法的实现流程，以及深度搜索 LLL 算法的含义，这三种算法都是多项式时间计算复杂度的，将在下文的预编码实现中应用这三种算法。

3.3 基于格基规约的预编码

3.3.1 基本的格基规约预编码

格基规约思想可以应用到预编码设计中，将信道矩阵的列向量定义为基向量，信道矩阵就是格的产生矩阵，通过对产生矩阵进行格基规约运算，把原来的信道矩阵变换为等价信道矩阵，使之具有准正交的性质，而与之对应的预编码矩阵也具有准正交的性质，由它产生的功率缩放因子将小于不做格基规约运算得到的值，从而降低了噪声的增强程度。

在 3.1.3 节中，条件数可以用来衡量矩阵的正交特性，这里使用前文给出的 LLL 算法、dLLL 算法以及 Seysen 算法，对信道矩阵进行格基规约，获得不同的条件数，并与不进行格基规约的信道进行比较。图 3-8 给出了仿真比较结果，图中横轴是不同的天线数目，即信道矩阵的维数，纵轴是不同算法在 5 000 次信道实现中的平均条件数。

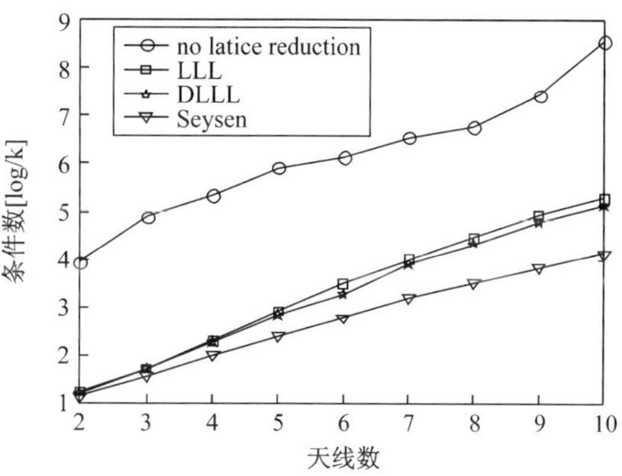

图 3-8　不同算法的条件数比较

Fig. 3-8　Condition number comparison of different lattice reduction algorithms

从图 3-8 中可以看出，对信道矩阵进行格基规约后大大降低了条件数，显著改善了信道特性，使得信道矩阵更为"正交"，基向量更短，从而有利于预编码矩阵的设计。

利用格基规约思想，文献[73]给出了基本的预编码实现方法，如图 3-9 所示。系统使用的是等效实数模型，注意 $N_t=N_r=K$。

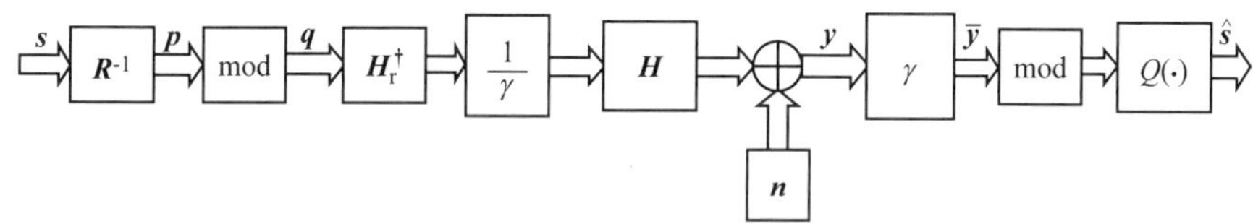

图 3-9　基于格基规约预编码

Fig. 3-9　Basic lattice reduction precoding

首先对信道转置矩阵 $\boldsymbol{H}^{\mathrm{T}}$ 进行格基规约，改善信道矩阵的正交特性，得到 $\boldsymbol{H}^{\mathrm{T}}=\hat{\boldsymbol{H}}_r\hat{\boldsymbol{R}}$，进一步得到

$$\boldsymbol{H}=(\hat{\boldsymbol{R}})^{\mathrm{T}}(\hat{\boldsymbol{H}}_r)^{\mathrm{T}}=\boldsymbol{R}\boldsymbol{H}_r \tag{3-22}$$

信道进行格基规约处理后，在迫零准则下，预编码可以分为两步，第一步是对 $\boldsymbol{R}$ 矩阵进行预均衡，第二步是对 $\boldsymbol{H}_r$ 进行预均衡，从而消除共信道干扰。

将原始发射信号 $\boldsymbol{s}$ 左乘以 $\boldsymbol{R}^{-1}$ 进行第一步预均衡，得到

$$\boldsymbol{p}=\boldsymbol{R}^{-1}\boldsymbol{s} \tag{3-23}$$

然后将 $\boldsymbol{p}$ 进行模操作，得到 $\boldsymbol{q}=\mathrm{mod}(\boldsymbol{p})$，使用的模操作函数的作用是限制信号 $\boldsymbol{q}$ 的功率不会大幅度增加，同 THP 中的原理。接着，对 $\boldsymbol{H}_r$ 进行预均衡得到

$$\boldsymbol{u}=\boldsymbol{H}_r^{\dagger}\cdot\mathrm{mod}(\boldsymbol{p}) \tag{3-24}$$

对 $\boldsymbol{u}$ 进行功率归一化后得到 $\boldsymbol{x}$，其中功率归一化因子为 $\gamma=\sqrt{E[\|\boldsymbol{u}\|^2]}$。发射信号经过 MIMO 信道后，获得接收信号，进行反功率归一化后得到 $\bar{\boldsymbol{y}}$，然后通过模操作，获得处理后的信号

$$\hat{\boldsymbol{y}}=\mathrm{mod}(\bar{\boldsymbol{y}})=\boldsymbol{s}+\gamma\boldsymbol{n} \tag{3-25}$$

解调 $\hat{\boldsymbol{y}}$ 得到原始向量的估计值 $\hat{\boldsymbol{s}}$，完成系统的传输。

从预编码过程中可以看出，由于模操作限制了 $\boldsymbol{p}$ 的功率，功率归一化因子 γ 的大小主要取决于 $\boldsymbol{H}_r^{\dagger}$，而 $\boldsymbol{H}_r$ 是对 $\boldsymbol{H}$ 的格基规约矩阵，具有比 $\boldsymbol{H}$ 更好的正交特性，降低了病态信道出现的概率，从而获得更好的系统性能。

3.3.2 基于QR分解的格基规约预编码

从3.1节可以看出，基于反馈环结构的预编码算法性能优于基于线性结构的预编码算法性能，这是因为通过反馈处理，可以实现连续干扰消除，即前一个符号所受的干扰可以在后续的符号中消除，从而提高预编码的性能。因此，可以将反馈环结构应用在格基规约预编码算法中，修改基本的预编码结构，进一步提高系统性能。图3-10给出了基于QR分解的格基规约预编码算法。

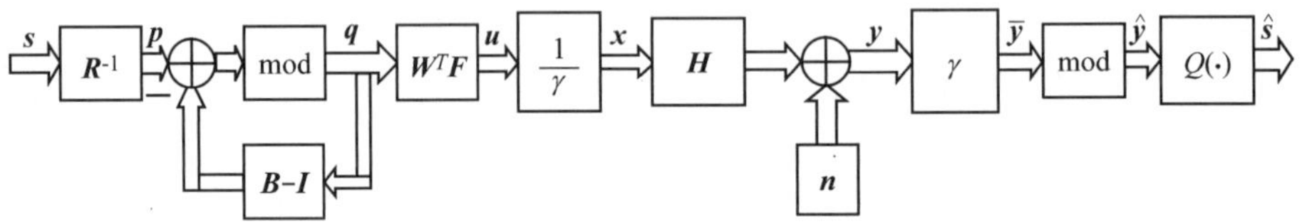

图3-10 基于QR分解的格基规约预编码算法

Fig. 3-10 Lattice basis reduction precoding based on QR

首先同3.3.1节获得$\boldsymbol{H}_r$，然后对$\boldsymbol{H}_r^{\mathrm{T}}$进行QR分解得到$\boldsymbol{H}_r=\boldsymbol{SW}$，其中$\boldsymbol{S}$是下三角矩阵，$\boldsymbol{W}$是酉矩阵。$\boldsymbol{S}$的下三角结构使其可以作为反馈矩阵，对其对角线元素归一化得到$\boldsymbol{B}=\boldsymbol{ST}$，其中$\boldsymbol{T}=\mathrm{diag}(1/S_{1,1},\cdots,1/S_{2K,2K})$，$[S_{1,1},\cdots,S_{2K,2K}]$是$\boldsymbol{S}$的对角线元素值。

对第一次预均衡后的数据向量$\boldsymbol{p}$进行连续干扰消除处理，即

$$q_1=\mathrm{mod}(p_1)$$

$$q_k=\mathrm{mod}\left(p_k-\sum_{l=1}^{k-1}\boldsymbol{B}_{k-1,l}q_l\right),\quad b_{k,l}\in\boldsymbol{B} \tag{3-26}$$

这个处理结构与3.1.2节的THP预编码相似，不同的是对格基规约矩阵$\boldsymbol{H}_r$进行三角分解，而不是直接对信道矩阵进行三角分解。通过这个预编码处理后，剩余的信号处理方式与3.2.1节处理方式相同，这里不再赘述。

3.4 性能分析和仿真结果

3.4.1 性能分析

3.3节给出了两种基于格基规约的预编码方法，下面对不同的格基规约算法(LLL，dLLL和Seysen)在不同的预编码方法中的性能进行分析，从而给出各自适合应用的环境[74]。

对于基本的格基规约预编码，计算接收信号信噪比为

$$\mathrm{SNR}=E[\|\boldsymbol{s}\|^2]/E[\|\gamma\boldsymbol{n}\|^2]=1/(2K\sigma_n^2\cdot\sqrt{E[\|\boldsymbol{u}\|^2]}) \tag{3-27}$$

式中可以看出，$\sqrt{E[\|\boldsymbol{u}\|^2]}$越小，接收信噪比越大，那么系统的性能将越好，所以进一步分析其中的$\|\boldsymbol{u}\|^2$得到

$$\|\boldsymbol{u}\|^2=(\boldsymbol{H}_r^{\dagger}\boldsymbol{q})^{\mathrm{H}}(\boldsymbol{H}_r^{\dagger}\boldsymbol{q})=\boldsymbol{q}^{\mathrm{H}}(\boldsymbol{H}_r^{\dagger})^{\mathrm{H}}(\boldsymbol{H}_r^{\dagger})\boldsymbol{q} \tag{3-28}$$

对其中的矩阵$(\boldsymbol{H}_r^{\dagger})^{\mathrm{H}}(\boldsymbol{H}_r^{\dagger})$进行奇异值分解得到$(\boldsymbol{H}_r\boldsymbol{H}_r^{\mathrm{H}})^{\dagger}=\boldsymbol{\Phi}\boldsymbol{\Delta}^{-1}\boldsymbol{\Phi}^{\mathrm{H}}$，带入到式(3-28)中推导得到

$$\|\boldsymbol{u}\|^2=\sum_{k=1}^{2K}\lambda_k|\boldsymbol{\varphi}_k^T\boldsymbol{q}|^2 \tag{3-29}$$

其中 λ_k 是矩阵 $\boldsymbol{\Delta}^{-1}$ 对角线上的第 k 个元素，假设 λ_k 已排序，即 $\lambda_1 > \lambda_2 > \cdots > \lambda_{2K}$，$\boldsymbol{\varphi}_k$ 是矩阵 $\boldsymbol{\Phi}$ 的第 k 个列向量，设 $\xi_k = |\boldsymbol{\varphi}_k^{\mathrm{H}} \boldsymbol{q}|^2$。文献[43]中证明，当所有的 $\lambda_k\xi_k (k=1,2,\cdots,2K)$ 近似相等时，$\|\boldsymbol{u}\|^2$ 能够获得最小值，也就是说，不同 k 下的 $\lambda_k\xi_k$ 值差距越小，系统性能越好。不同的格基规约算法将获得性能不同的 $\lambda_k\xi_k$ 曲线，图 3-11 和图 3-12 分别给出了不同格基规约算法性能曲线的比较，其中图 3-11 比较了天线数为 4×4 系统下不同格基规约算法获得的平均 $\lambda_k\xi_k$ 的性能，实线表示数据调制方式为 4QAM，虚线表示数据调制方式是 16QAM，分别运行了 10^5 次仿真得到 $\lambda_k\xi_k$ 的期望值。图 3-12 表示了天线数为 8×8 系统下的比较。

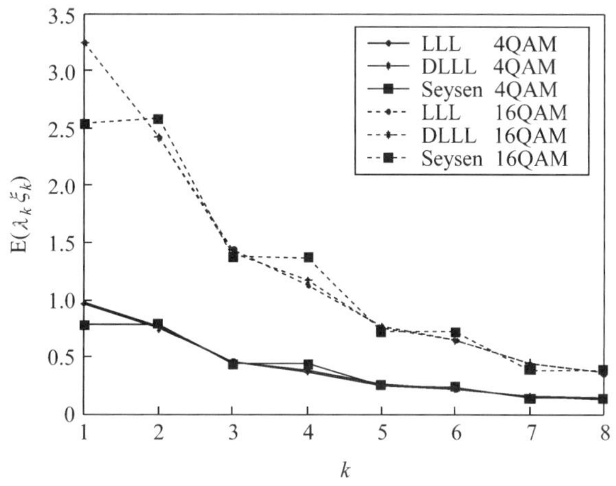

图 3-11　不同格基规约算法的 $E(\lambda_k\xi_k)$ 比较(4×4 系统)

Fig. 3-11　$E(\lambda_k\xi_k)$ comparison of different lattice reduction algorithms (4×4 system)

由图 3-11 看出，LLL 算法和 dLLL 算法获得的 $\lambda_k\xi_k$ 曲线几乎接近，即二者的性能几乎相同，而在 Seysen 算法的曲线中，不同的 k 的 $E(\lambda_k\xi_k)$ 值更为接近，因此 Seysen 算法表现出的曲线特性要好于前两种。图 3-12 系统也表现出相同的特性。

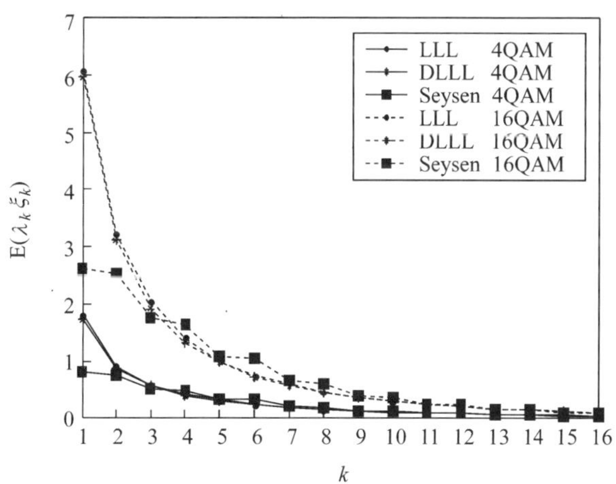

图 3-12　不同格基规约算法的 $E(\lambda_k\xi_k)$ 比较(8×8 系统)

Fig. 3-12　$E(\lambda_k\xi_k)$ comparison of different lattice reduction algorithms (8×8 system)

同理，对于基于 QR 分解的格基规约预编码，$\boldsymbol{u}$ 的功率越小越小系统性能越好，此时 $\boldsymbol{u}$ 的功率为

$$\|\boldsymbol{u}\|^2 = (\boldsymbol{W}^{\mathrm{T}}\boldsymbol{Tq})^{\mathrm{H}}(\boldsymbol{W}^{\mathrm{T}}\boldsymbol{Tq}) = \boldsymbol{q}^{\mathrm{H}}\boldsymbol{T}^{\mathrm{H}}\boldsymbol{Tq} = \sum_{k=1}^{2K}(1/S_{k,k}^2)\,|q_k|^2 \tag{3-30}$$

其中$|q_k|^2$的大小与$|s_k|^2$有关，即与调制星座图的功率有关，所以$\boldsymbol{u}$的功率主要取决于$\sum_{k=1}^{2K}1/S_{k,k}^2$。图 3-13 给出了不同格基规约算法下得到的$\sum_{k=1}^{2K}1/S_{k,k}^2$的互补累积概率分布函数的性能比较曲线。

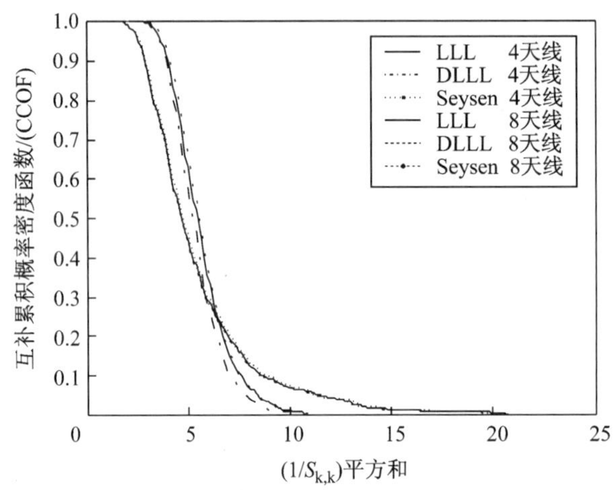

图 3-13　不同格基规约算法的$\sum_{k=1}^{2K}1/S_{k,k}^2$性能比较

Fig. 3-13　$\sum_{k=1}^{2K}1/S_{k,k}^2$ comparison of different lattice reduction alogrithms

由图 3-11、图 3-12 和图 3-13 可以看出，在 4×4 系统下，三种格基规约算法获得$\sum_{k=1}^{2K}1/S_{k,k}^2$的差距较小，性能几乎相同。在 8×8 系统下，dLLL 算法表现出稍好的特性，而 Seysen 算法特性较差，LLL 算法性能居中。

3.4.2　仿真结果

本节通过仿真来比较不同格基规约算法在两种格基规约预编码方案下的误码率性能，以验证 3.4.1 节中的性能分析[74]。仿真系统是 MIMO 下行链路系统，分别仿真了 4×4 和 8×8 系统，数据调制方式采用 4QAM 和 16QAM 两种，MIMO 信道模型采用平坦衰落信道，平坦衰落系数使用瑞利衰落分布，假设发射端已知信道状态信息，通过误比特率仿真进行性能比较。仿真的方法包括矩阵求逆方法（即 3.1.1 节的线性预编码），基于 LLL，dLLL 和 Seysen 格基规约算法的两种方案下的预编码。图 3-14 和图 3-15 是 4×4 系统的仿真结果，分别采用 4QAM 调制和 16QAM 调制。图 3-16 和图 3-17 是对应的 8×8 系统的仿真结果。

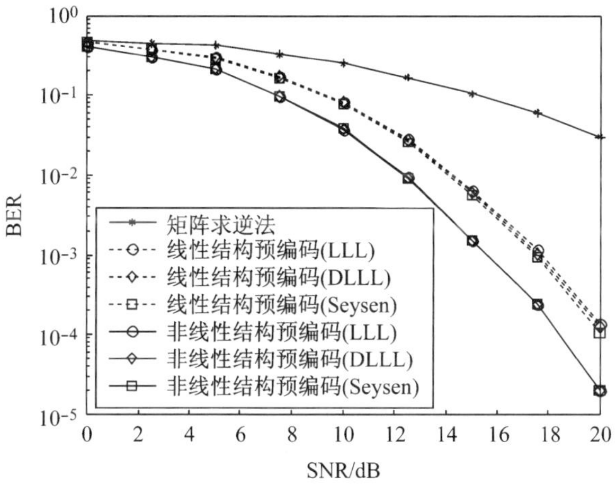

图 3-14　不同算法下的误码率比较(4×4 系统，4QAM)

Fig. 3-14　BER comparison among different algorithms (4×4 system, 4QAM)

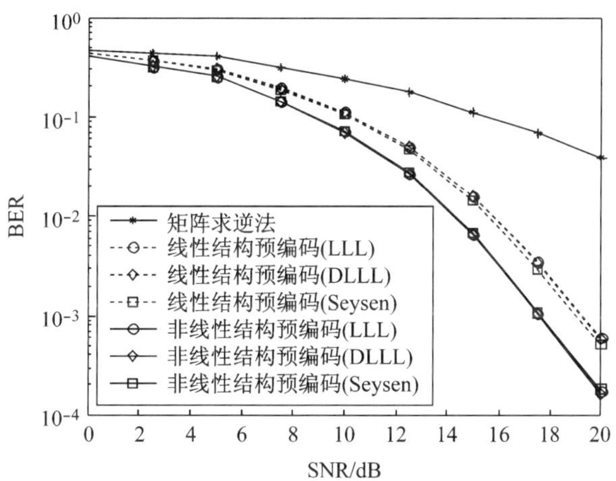

图 3-15　不同算法下的误码率比较(4×4 系统，16QAM)

Fig. 3-15　BER comparison among different algorithms (4×4 system, 16QAM)

从图 3-14、图 3-15、图 3-16 和图 3-17 中可以看出，对于基本的格基规约预编码，基于 Seysen 算法的格基规约变换能够获得比其他两种算法好的性能，并且随着天线数目增多，性能优势越明显。在 8×8 系统下，可获得 1.5 dB 的性能增益，dLLL 算法的性能稍稍好于 LLL 算法的性能，但优势并不明显。三种格基规约算法所表现出的误码率性能与 3.4.1 节的性能分析一致，因此，在方案一中，天线数目较大时，使用 Seysen 格基规约算法能够获得较好的性能。

对于基于 QR 分解的格基规约预编码，三种格基规约算法的性能基本相同，dLLL 算法的性能在天线数目较大时时性能稍好一些，而 Seysen 算法的性能稍差，LLL 算法性能居中，与图 3-13 的分析结果一致。考虑到 dLLL 算法的复杂度高于 LLL 算法，并且性能改善不是非常明显，在这种情况下，选用 LLL 算法更为有效。

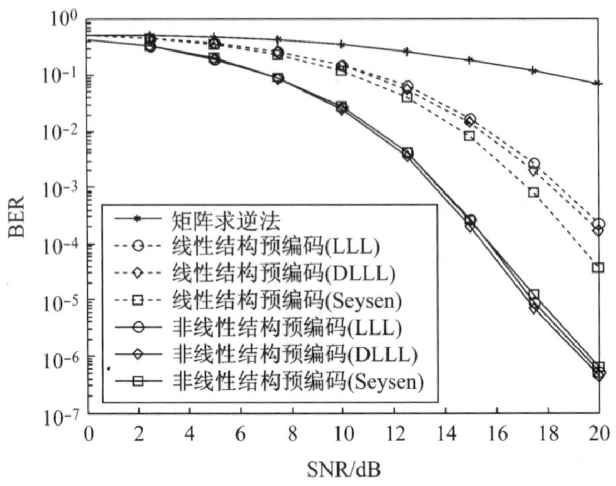

图 3-16 不同算法下的误码率比较(8×8 系统，4QAM)

Fig. 3-16 BER comparison among different algorithms (8×8 system, 4QAM)

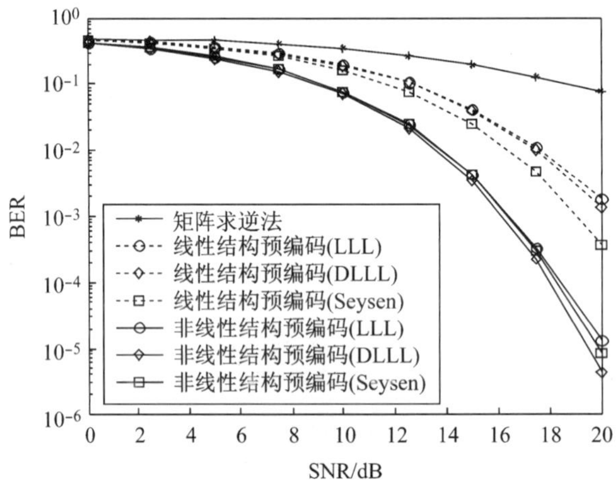

图 3-17 不同算法下的误码率比较(8×8 系统，16QAM)

Fig. 3-17 BER comparison among different algorithms (8×8 system, 16QAM)

3.5 本章小结

本章首先分析了经典预编码算法中存在的问题，即病态信道对系统性能的严重影响，而格基规约是解决这一问题的有效手段；接着介绍了格基规约的基本思想，并给出了三种多项式复杂度的格基规约算法，包括 LLL 算法、dLLL 算法和 Seysen 算法的具体实现；然后，描述了基本的格基规约预编码算法和基于 QR 分解的格基规约预编码算法；最后，将前述的三种格基规约算法应用到这两种预编码算法中，对它们在这两种系统中的性能进行分析和比较，给出了不同格基规约算法的性能曲线，并使用误码率仿真进行了验证。性能分析和仿真验证表明，在天线数目较少时，三种格基规约算法的性能接近；随着天线数目变多，基本的格基规约预编码系统选用 Seysen 算法能够获得较好的性能，而使用 LLL 算法能够在基于 QR 分解的格基规约预编码系统中取得较好的复杂度和性能折中。

第 4 章　可调量化误差的格基规约矢量预编码

矢量预编码是一种通过加入扰动矢量而改变发送数据特性的编码方法，它是传统取模处理 THP 预编码的扩展，都属于对原始数据的加性处理。它的主要思想是在扩展星座图上按照某种准则来求解扰动矢量，再把扰动矢量加到原有的信号上，从而扩大发射信号的自由度，减小发射信号的功率，提高系统的性能。在矢量预编码中，对扰动矢量的求解可以建模成一个寻找最近格点(Closest Lattice Point)的问题[68]。解决这一问题的最优算法是最大似然(ML)方法，即搜索所有可能的整数格，但是整数格的范围是无穷大，因此 ML 方法并不实用。一种实际的方法是球形编码算法，它将搜索范围缩小到一个球形，在球形内寻找最近格点，但是这种算法仍有非常高的复杂度。次优的算法是文献[47-48]提出的格基规约算法，它将原来的搜索域形状通过格基规约变更为正交的形状，然后使用 Babai 近似[75]过程得到近似的最优解，这种算法只具有多项式复杂度，是一种适合实际使用的有效方法。但是，格基规约算法在近似求解过程中会产生一定的性能损失，并且随着天线数目的增加，性能损失也会增加。因此，本章在分析其性能损失原因的基础上，提出了一种可调量化误差校正方法，通过对量化误差进行校正补偿性能损失，并且量化误差校正集合的大小可以调节，使得算法能够在性能和复杂度上取得折衷。注意本章仍然采用实数模型，并且假设 $N_t=N_r=K$，收发天线数等于接收用户数，且每个用户只有一根接收天线。

4.1　矢量预编码

4.1.1　传输模型

在矢量预编码中，使用当前信道和原始信号根据某种准则计算出扰动矢量，将其线性相加到原始信号上去，构成新的信号向量，然后对其进行预编码，获得发射信号。图 4-1 给出了包含矢量预编码的系统传输模型[43]。

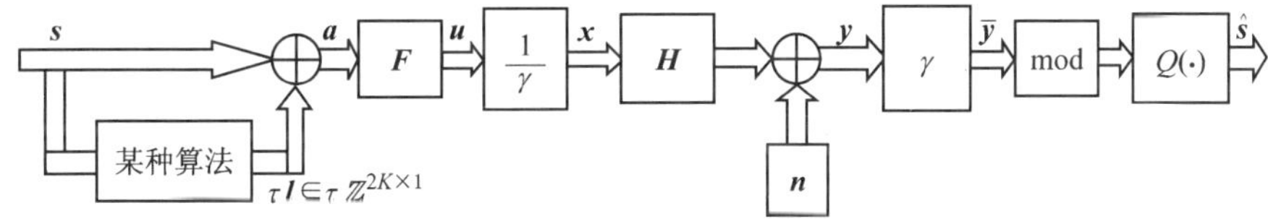

图 4-1　包括矢量预编码的传输模型

Fig. 4-1　Transmission block diagram including of vector precoding

图 4-1 中，$\boldsymbol{s}$ 是经过 QAM 调制后的发射信号向量，通过某种准则进行运算后的扰动矢量是 $\tau\boldsymbol{l}$，τ 是正整数，其取值为 $\tau=A=\sqrt{M}$(分别对应 A-ASK 和 M-QAM 星座图)，而扰动矢量 $\boldsymbol{l}$ 是在间隔为 τ 的整数格 $\tau\mathbb{Z}^{2K\times1}$ 中选取，通过某种算法求解 $\boldsymbol{l}$ 并加性扰动到 $\boldsymbol{s}$ 上，等价于以 τ 为间隔单位扩展了原始信号 $\boldsymbol{s}$ 的星座图，从而扩大了发射信号的自由度，降低发射信号的功率。在接收端，通过模操作将 $\tau\boldsymbol{l}$ 去除，不影响原始信号的量化解调。

求解扰动矢量和预编码矩阵的准则包括 ZF 准则、MMSE 准则、正则化准则、最小化 BER

准则、最大化容量准则等,本章给出最常用的两种准则(ZF 准则和 MMSE 准则)下的扰动矢量求解方法,其余准则的求解方法见文献[76]。

(1) ZF 准则[43]:在 ZF 准则下,预编码矩阵和信道矩阵满足条件 $\boldsymbol{HF}=\boldsymbol{I}$,因此预编码矩阵 $\boldsymbol{F}_{ZF}=\boldsymbol{H}^{\dagger}$,这里使用功率归一化,归一化缩放因子为

$$\gamma_{ZF}=\sqrt{E[\|\boldsymbol{H}^{\dagger}\boldsymbol{a}\|^2]}=\sqrt{E[\|\boldsymbol{H}^{\dagger}(\boldsymbol{s}+\tau\boldsymbol{l})\|^2]} \tag{4-1}$$

通过最小化 γ_{ZF},可以求出最优扰动矢量 $\boldsymbol{l}$,即

$$\boldsymbol{l}_{ZF-opt}=\underset{\boldsymbol{l}\in\tau\mathbb{Z}^{2K\times1}}{\arg}\min\|\boldsymbol{H}^{\dagger}(\boldsymbol{s}+\tau\boldsymbol{l})\|^2 \tag{4-2}$$

(2) MMSE 准则[45]:为了抑制病态信道的影响,使用 MMSE 准则来获得残余干扰和抑制噪声之间的折中。收发信号之间的均方误差为

$$\varepsilon=E[\|\hat{\boldsymbol{a}}-\boldsymbol{a}\|^2] \tag{4-3}$$

使用 MMSE 准则,在功率约束条件下最小化收发信号之间的均方误差,即

$$(\boldsymbol{F}_{MMSE},\gamma_{MMSE})=\arg\min\varepsilon$$
$$\text{s. t. } E(\boldsymbol{x}^{H}\boldsymbol{x})\leqslant P_T \tag{4-4}$$

求解式(4-4)得到

$$\boldsymbol{F}_{MMSE}=\boldsymbol{H}^{H}(\boldsymbol{HH}^{H}+\xi\boldsymbol{I})^{-1} \tag{4-5}$$

$$\gamma_{MMSE}=\sqrt{\frac{1}{P_T}E\|(\boldsymbol{HH}^{H}+\xi\boldsymbol{I})^{-1}\boldsymbol{Ha}\|^2} \tag{4-6}$$

$$\varepsilon=\xi E[\|\boldsymbol{La}\|^2]=\xi E[\|\boldsymbol{L}(\boldsymbol{s}+\tau\boldsymbol{l})\|^2] \tag{4-7}$$

其中 $\xi=\frac{\text{tr}(\boldsymbol{R}_n)}{P_T}$,即信噪比的倒数,对 $(\boldsymbol{HH}^{H}+\xi\boldsymbol{I})^{-1}$ 进行 Cholesky 分解得到

$$(\boldsymbol{HH}^{H}+\xi\boldsymbol{I})^{-1}=\boldsymbol{L}^{H}\boldsymbol{L} \tag{4-8}$$

可见,求解 MMSE 准则下的最优扰动矢量,等效于下式

$$\boldsymbol{l}_{MMSE-opt}=\underset{\boldsymbol{l}\in\tau\mathbb{Z}^{2K\times1}}{\arg}\min\|\boldsymbol{L}(\boldsymbol{s}+\tau\boldsymbol{l})\|^2 \tag{4-9}$$

从式(4-2)和式(4-9)可以看出,无论以哪种准则求解扰动矢量,包括正则化准则、最小化 BER 准则和最大化容量准则等,最优扰动矢量的求解均是下面的形式

$$\boldsymbol{l}_{opt}=\underset{\boldsymbol{l}\in\tau\mathbb{Z}^{2K\times1}}{\arg}\min\|\boldsymbol{F}(\boldsymbol{s}+\tau\boldsymbol{l})\|^2 \tag{4-10}$$

根据不同的准则确定不同的预编码矩阵 $\boldsymbol{F}$。式(4-10)可以视为一个寻找最近格点的问题,其最优解是在空间 $\boldsymbol{F}\tau\mathbb{Z}^{2K\times1}$ 中寻找距离 $\boldsymbol{Fs}$ 最近的点,这里的格是由 $\boldsymbol{F}$ 的所有列向量构成的,而 $\boldsymbol{Fs}$ 是格中的一个点。求解最近格点问题,最优的方法是在空间 $\boldsymbol{F}\tau\mathbb{Z}^{2K\times1}$ 中进行完全搜索,即最大似然搜索,由于空间是无限大的,这种方法无法实现;但还可以使用球形译码算法,即在半径一定的球内进行搜索寻找最优解,但是算法复杂度较高。次优的低复杂度算法是格基规约算法,通过格基规约将原来格的基向量转化为更短更正交的基向量,经过变换后的格将比原来的格更接近正交,因此它的判决域也更接近 Voronoi 域,这样只需要使用近似判决的方法就可以得到最优解的近似值,也就是次优解,而不需要再进行搜索寻找。下节将给出这种算法的实现。

4.1.2 基于格基规约算法的矢量预编码

使用近似算法,通过格基规约改变格的正交特性,使得矢量的判决域更接近 Voronoi 域,

从而求解扰动矢量的近似解。图 4-2 给出了基于格基规约算法的矢量预编码流程，这里以 ZF 准则下的预编码方法为例[47]。

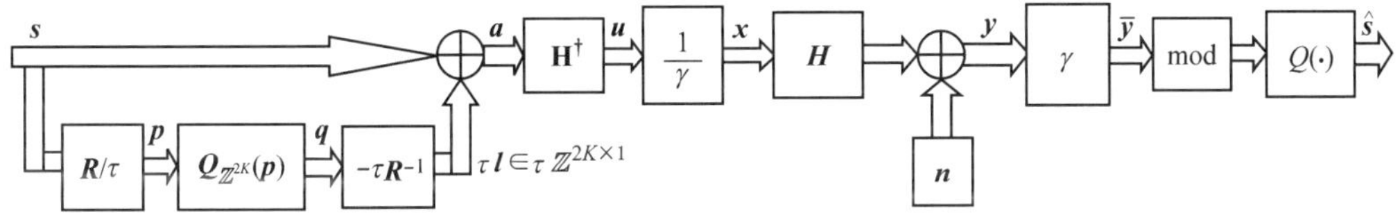

图 4-2　使用格基规约算法的矢量预编码流程图

Fig. 4-2　Lattice reduction based vector precoding

使用格基规约算法求解扰动矢量最优解的近似值，其过程如下：首先使用格基规约算法（这里使用 LLL 算法），对 $\boldsymbol{H}^{\dagger}$ 进行格基规约变换，得到

$$\boldsymbol{H}^{\dagger} = \boldsymbol{H}_r\boldsymbol{R} \tag{4-11}$$

其中，$\boldsymbol{H}_r$ 为格基规约矩阵，$\boldsymbol{R}$ 是幺模矩阵。将 $\boldsymbol{H}_r\boldsymbol{R}$ 代替 $\boldsymbol{H}^{\dagger}$ 带入到 $-\boldsymbol{H}^{\dagger}\tau\boldsymbol{l}$ 和 $\boldsymbol{H}^{\dagger}\boldsymbol{s}$ 中，分别得到 $-\boldsymbol{H}_r(\boldsymbol{R}\tau\boldsymbol{l})$ 和 $\boldsymbol{H}_r(\boldsymbol{R}\boldsymbol{s})$，然后使用 Babai 提出的近似过程得到近似解[75]，即

$$\boldsymbol{l} = -\boldsymbol{R}^{-1}\, Q_{\mathbb{Z}^{2K}}(\boldsymbol{R}\boldsymbol{s}/\tau) \tag{4-12}$$

其中，$Q_{\mathbb{Z}^{2K}}$ 表示对 $2K$ 维向量 $\boldsymbol{R}\boldsymbol{s}/\tau$ 中的每一个元素进行四舍五入操作，量化到整数上。

为了描述方便，定义 $\boldsymbol{p}=\boldsymbol{R}\boldsymbol{s}/\tau$ 和 $\boldsymbol{q}=Q_{\mathbb{Z}^{2K}}(\boldsymbol{p})$ 为两个新向量。可见，格基规约算法的实现较为简单，首先对编码矩阵进行格基规约，然后通过 Babai 近似判决就得到扰动矢量的近似解，计算的复杂度主要集中在 LLL 算法上。

球形译码算法能够获得较好的性能，但是计算复杂度较高，而格基规约虽然复杂度降低了，但是性能也随之降低，并且随着天线数目的增加，两种算法的性能差距逐渐增大。分析格基规约算法的性能损失，主要是因为算法中的近似过程会产生量化误差，导致性能损失，例如，在式(4-12)中，如果 $\boldsymbol{p}$ 中的元素等于量化边界点，如 0.5，那么四舍五入将其量化到 1 上，但是实际的情况可能是需要量化到 0 上，这样就产生了量化误差，其他边界点 $\{-0.5, \pm 1.5, \pm 2.5, \cdots\}$ 的量化也存在相同的问题，这些量化误差造成了近似过程中的损失。为了对这些边界点进行校正，文献[78]给出了全列表式量化误差校正方法，通过分析，发现这种方法包含了大量的冗余计算。为了对量化误差进行更为有效的校正，本章提出一种可调量化误差校正方法，通过设定不同的调节值来控制量化误差校正的数目，以减少冗余的计算量。

4.2　可调量化误差的格基规约算法[77]

4.2.1　算法描述

本节提出的可调量化误差校正方法，实际上是 $Q_{\mathbb{Z}^{2K}}(\boldsymbol{R}\boldsymbol{s}/\tau)$ 量化运算之后进行误差校正，具体包含三个步骤实现：

1. Step 1：确定量化边界点的元素

首先确定 $\boldsymbol{p}$ 中处于量化边界点的元素，将 $\boldsymbol{p}$ 带入精度更高的量化器中[78]，对 $\boldsymbol{p}$ 的每一个元素进行精确量化得到

$$b_i = \bar{Q}(p_i,\tau) = \begin{cases} \lfloor 2p_i \rfloor/2 & |\lfloor p_i \rfloor - p_i| \geq \frac{1}{2} - \frac{1}{\tau} \\ \lfloor p_i \rfloor & \text{其他} \end{cases} \quad (i=1,2,\cdots,2K) \tag{4-13}$$

比较新量化的向量 $\boldsymbol{b}=[b_1,\cdots,b_i,\cdots,b_{2K}]^{\mathrm{T}}$ 与原量化的向量 $\boldsymbol{q}=[q_1,\cdots,q_i,\cdots,q_{2K}]^{\mathrm{T}}$，二者不相等的元素即位于量化边界点的元素，假设存在 t 个这样的元素，将这些元素在 $\boldsymbol{p}$ 中的位置构成一个位置向量 $\boldsymbol{v}=[v_1,v_2,\cdots,v_t]^{\mathrm{T}}$。$t$ 的取值范围为 $0\sim 2K(t\in\mathbb{Z})$，当 $t=0$ 时，表示 $\boldsymbol{p}$ 中没有元素位于量化边界上；而 $t=2K$ 时，表明 $\boldsymbol{p}$ 中的所有元素均位于量化边界上。

2. Step 2：量化误差校正

由 Step 1 获得的$[\boldsymbol{p}(v_1),\boldsymbol{p}(v_2),\cdots,\boldsymbol{p}(v_t)]^{\mathrm{T}}$ 是位于量化边界点的元素，这些元素需要重新进行量化，以获得校正的量化值。因为每个位于量化边界点的元素都有两种可能的量化值，那么最大将有 2^t 种量化校正组合。在这 2^t 种量化校正组合中，必定存在一个能够产生最小性能损失的最佳量化校正向量，将这个最佳向量与原始的量化向量 $\boldsymbol{q}$ 进行比较，其不同元素的个数就是实际存在的量化误差数目，用变量 c 来表示。通过仿真，发现 c 的概率分布是有规律的，图 4-3 和图 4-4 是在 10^5 次运行信道仿真条件下，获得的 4×4 系统和 8×8 系统中 c 的概率密度分布（PDF）和累积概率密度分布（CDF）。

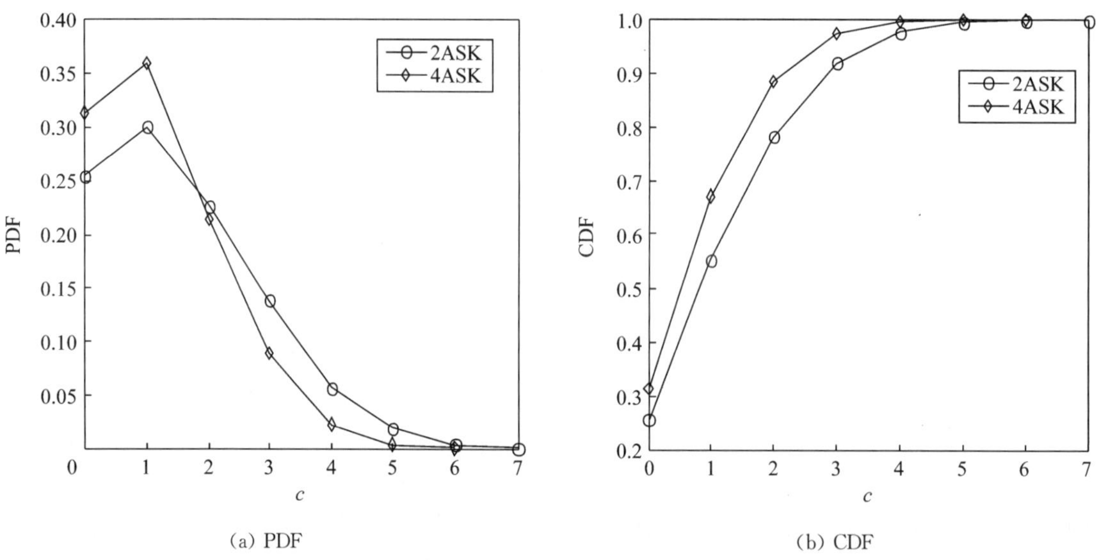

(a) PDF (b) CDF

图 4-3 实际量化误差数目的概率密度分布和累积概率密度分布（4×4 系统）

Fig. 4-3 PDF and CDF for c(4×4 system)

以图 4-3 的 2ASK 调制为例进行说明。图 4-3 中，$c=0$ 的概率为 25%，它说明在所有信道实现中，没有量化误差的概率为 25%，此时不需要进行任何量化误差校正；而 $c=1$ 的概率为 30%，即只有一个量化误差值的概率为 30%。依此类推，随着 $c>2$ 逐渐增大，出现的概率越来越小，这说明在所有信道实现中，实际量化误差出现的数目并不是很大，因此只需要考虑量化误差数目集中的几种情况进行误差校正，就可以达到较好的校正效果，从而降低冗余的误差校正的计算量。根据图 4-3 和图 4-4 所体现的特性，提出对$[\boldsymbol{p}(v_1),\boldsymbol{p}(v_2),\cdots,\boldsymbol{p}(v_t)]^{\mathrm{T}}$ 进行可调的量化误差校正。

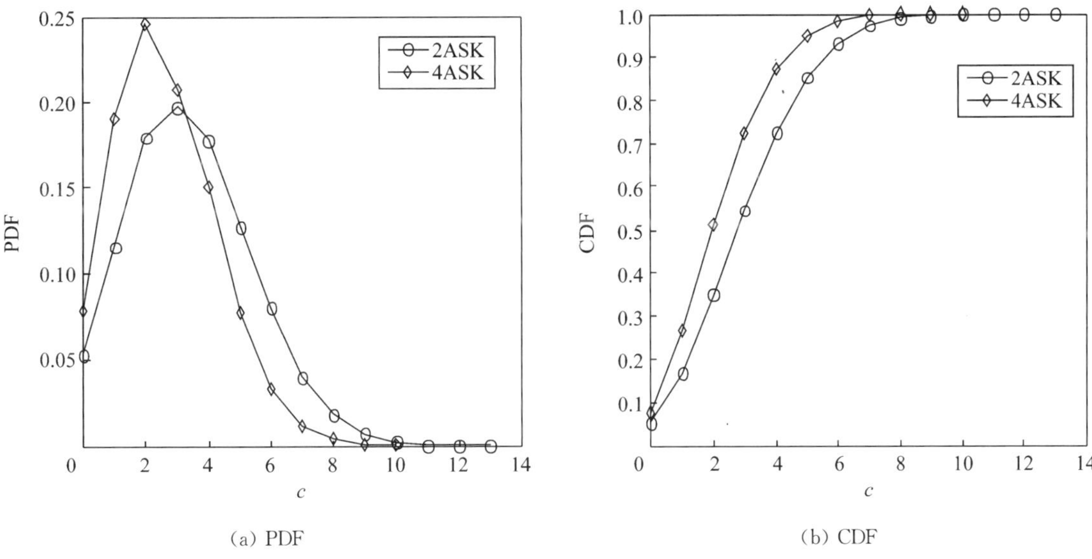

(a) PDF　　(b) CDF

图 4-4　实际量化误差数目的概率密度分布和累积概率密度分布(8×8 系统)

Fig. 4-4　PDF and CDF for c(8×8 system)

设 d 为控制量化误差数目的调节值，它是一个可调节的变量。当设定 $d=1$ 时，表示假设有一个量化误差元素需要校正，但是并不知道这个量化误差元素的位置，这样将产生 C_t^1 种组合对$[\boldsymbol{p}(v_1),\boldsymbol{p}(v_2),\cdots,\boldsymbol{p}(v_t)]^{\mathrm{T}}$ 进行量化误差校正；如果假设不少于两个量化误差元素需要校正(即 $d\leqslant 2$)，那么将有 $C_t^1+C_t^2$ 种量化误差校正组合；更一般地，假设 $d\leqslant d_0$ 个量化误差元素需要校正，那么总共将有 $D=\sum\limits_{j=1}^{\min(t,d_0)} C_t^j$ 种量化误差校正组合，在每次信道实现中 t 是一个变量，有可能出现比假设值 d_0 小的情况，所以这里取两者间的最小值 $\min(t,d_0)$。

将所有这些可能组合中需要进行量化误差校正的元素的位置组成一个集合 $V_D=\cup\{v_r\}$，$\cup$表示并集，r 是从 $C_t^1\cup C_t^2\cdots\cup C_t^{\min(t,d_0)}$ 中取出的所有可能值。以 V_D 中的一个子集$\{v_1\}$为例，对位于$\{v_1\}$位置的元素进行量化校正，其余的元素仍保持原始量化向量的值，量化校正过程如式(4 14)所示。

$$\boldsymbol{w}_1(b)=\begin{cases}g(\boldsymbol{p}(b)), & b\in\{v_1\}\\ \boldsymbol{q}(b), & b=(1,2,\cdots,2K)\,\mathrm{except}\{v_1\}\end{cases}\tag{4-14}$$

$g(\cdot)$函数表示对原有的四舍五入操作的反向操作，即

$$g(\boldsymbol{p}(b))=\begin{cases}\mathrm{ceil}(\boldsymbol{p}(b)), & \text{if } \boldsymbol{q}(b)=\mathrm{floor}(\boldsymbol{p}(b))\\ \mathrm{floor}(\boldsymbol{p}(b)), & \text{if } \boldsymbol{q}(b)=\mathrm{ceil}(\boldsymbol{p}(b))\end{cases}\tag{4-15}$$

其中 ceil($\cdot$)表示取大于等于自变量的最小整数值，而 floor($\cdot$)表示取小于等于自变量的最大整数值，通过式(4-14)和式(4-15)，对位于位置子集$\{v_1\}$上的元素重新进行了量化，得到量化校工后的向量 $\boldsymbol{w}_1$。对于 V_D 的其余位置子集，都采用相同的校正方法，能够获得新的量化校正向量 $\boldsymbol{w}_2,\cdots,\boldsymbol{w}_D$。将未进行量化校正的向量和进行量化校正的所有向量合并成一个矩阵，得到 $\boldsymbol{w}=[\boldsymbol{q},\boldsymbol{w}_1,\boldsymbol{w}_2,\cdots,\boldsymbol{w}_D]$。

从量化误差校正过程中看出，当选择 $d=1$ 时，$\boldsymbol{w}$ 的行向量长度最短，即 D 最小；而选择 $d=t$ 时，$\boldsymbol{w}$ 的行向量长度最长，实际上此时的 $\boldsymbol{w}$ 与文献[78]中的全列表集合大小相同，两者复杂

度相同；当选择 $1<d<t$ 时，**w** 行向量长度介于最小值和最大值之间。随着 d 的变化，需要进行量化误差校正的元素数目也相应发生变化，所以这是一种可调的量化误差校正方法。根据图 4-3 和图 4-4 所示的特性确定最佳的 d，就能在较小复杂度下获得较好的性能。

3. Step 3：确定最佳扰动矢量

将量化误差校正矩阵 **w** 的每一列分别带入到式(4-12)中，得到

$$\tilde{\boldsymbol{l}}_w = -\boldsymbol{R}^{-1}\boldsymbol{w}_w, \quad w = 0,1\cdots,D \tag{4-16}$$

$\tilde{\boldsymbol{l}}_w$ 是将量化误差校正矩阵的第 w 列代替式(4-12)中的原始量化向量 $\boldsymbol{q}$ 得到的扰动矢量集合。这样就形成了一组可选的 $\tilde{\boldsymbol{l}}_w$，选择其中一个能够使发送功率最小的向量，得到

$$\tilde{\boldsymbol{l}}_{\text{opt}} = \arg\min\|\boldsymbol{H}^{\dagger}(\boldsymbol{s}+\tau\tilde{\boldsymbol{l}}_w)\|^2, \quad w = 0,1\cdots,D \tag{4-17}$$

通过对所有 $\tilde{\boldsymbol{l}}_w(w=0,1,\cdots,D)$ 向量进行比较，选择其中产生最小发送功率的向量为最佳扰动矢量。

需要指出的是，这里使用的是 ZF 准则下的格基规约矢量预编码，实际上只要满足式(4-10)的形式，并且使用格基规约算法求扰动矢量的近似解，均可采用提出的量化校正方法。

4.2.2 计算复杂度分析

基本的格基规约矢量预编码算法具有多项式复杂度，而量化误差校正矩阵的计算会增加额外的复杂度。额外增加的计算主要包括两个部分，第一部分是计算量化误差校正矩阵 **w**，这一部分的计算复杂度为 $\boldsymbol{O}(K\times D)$；第二部分的计算是确定最佳扰动矢量［即式(4-17)］，它需要进行矩阵和向量的乘法，以比较每个量化误差校正矩阵中的列向量能够产生的发射功率，并选择一个最佳列向量，因此这部分计算的复杂度是 $\boldsymbol{O}(K^2\times D)$。

这两部分计算均与 D 有关，而在每次信道实现中，D 并不是一个确定的值。在最差情况下，即 $\boldsymbol{p}$ 中所有的元素均位于量化边界点上($t=2K$)，若此时使用最大的量化误差校正矩阵 $d=t$，那么 D 将等于 2^{2K}，这是 D 的上界值。但是，通过对图 4-3 和图 4-4 的分析，知道量化误差错误的数目只集中在前几个值上，在实际情况中没有必要列出最大的量化误差校正矩阵，就可以得到最大量化误差校正矩阵一样的性能，这也是本章所提出方法的一个主要优点。所以在实际情况中，若 $D\ll 2^{2K}$ 成立，那么额外增加的计算仍然具有多项式复杂度。

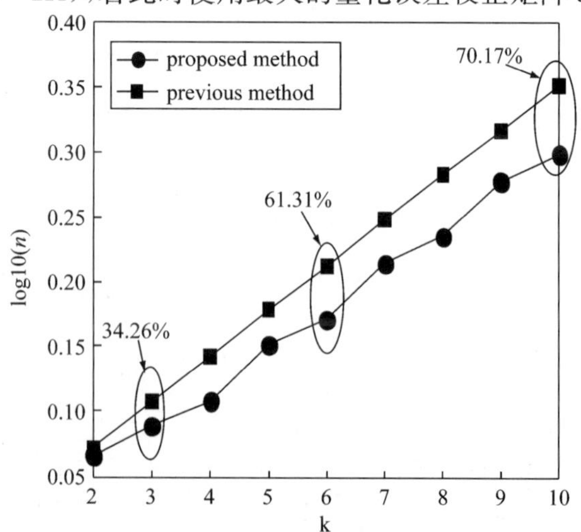

图 4-5 实际进行的量化误差校正数目的比较

Fig. 4-5 Comparison of actual quantization correction number

图 4-5 对本章提出的算法与文献[78]中实际进行的量化误差数目的比较。

图 4-5 中，横轴是天线数目，纵轴是两种算法实际校正的量化误差向量个数。可以看出，由于提出的算法[77]根据实际量化误差的分布概率进行校正，而文献[78]是对全部的量化误差进行校正，所以计算复杂度高于提

出的算法。当天线数目分别是3,6和10时,提出的算法能够比文献[78]中的算法分别节省34.26%,61.31%和70.17%,即减少 **w** 矩阵的列向量个数。

4.3 仿真分析

本节通过仿真分析来比较提出的可调量化误差校正方法与其他方法的性能[77]。仿真系统分别采用了天线数目为4×4和8×8两个系统。MIMO信道模型采用平坦衰落信道,平坦衰落系数使用瑞利衰落分布,通过误比特率仿真进行性能比较。仿真方法包括线性预编码方法、基于格基规约的矢量预编码方法、具有量化误差校正的矢量预编码方法和球形译码矢量预编码算法。为了对本章提出的量化误差校正算法有清楚的理解,将这一方法又细分为3种情况,分别是假设 $d=1$,$d=\min(t,d_0)$ 和 $d=t$。其中,在4×4系统中设 $d_0=3$;在8×8系统中,设 $d_0=6$。图4-6和图4-7是4×4系统的仿真结果,分别采用2ASK调制和4ASK调制。图4-8和图4-9是相应的8×8系统的仿真结果。

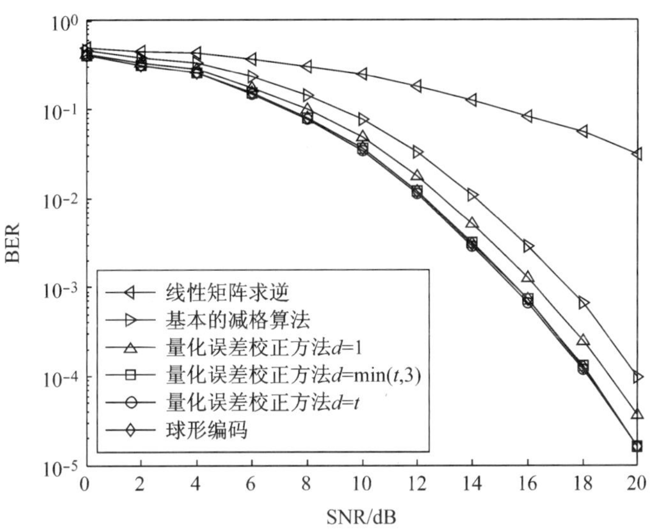

图4-6　不同方案误码率性能比较(4×4系统,2ASK调制)

Fig. 4-6　BER performance comparison of various schemes (4×4 system, 2ASK)

首先,分析天线数目较少的情况(4×4系统),通过使用本章提出方法进行量化误差校正,均能使性能曲线接近球形编码算法。因为 $d=t$ 时获得的最大量化误差校正矩阵与文献[78]的全列表式量化误差校正集合相同,此时均包括 2^t 种量化误差校正组合,因此二者的性能和复杂度是相同的。当选择 $d=1$ 时,能够获得接近 $d=t$ 的性能;选择 $d=\min(t,3)$ 时基本能够取得与 $d=t$ 一致的曲线,但是 $d=\min(t,3)$ 的量化误差校正矩阵大于 $d=1$ 时的情况,复杂度稍大。综合考虑以上分析,在天线数目较少时,采用 $d=1$ 就可以获得接近球形编码算法的性能,而额外增加的复杂度也是最小的。

然后,分析天线数目较多的情况(8×8系统)。如前文所述,天线数目较多时,基本的格基规约算法与球形编码算法之间存在着较大的性能差异,在8×8系统中大概有4 dB的性能差。当选择 $d=1$ 时,可以获得接近2 dB的性能增益,而选择 $d=\min(t,6)$ 和 $d=t$ 时,性能曲线已

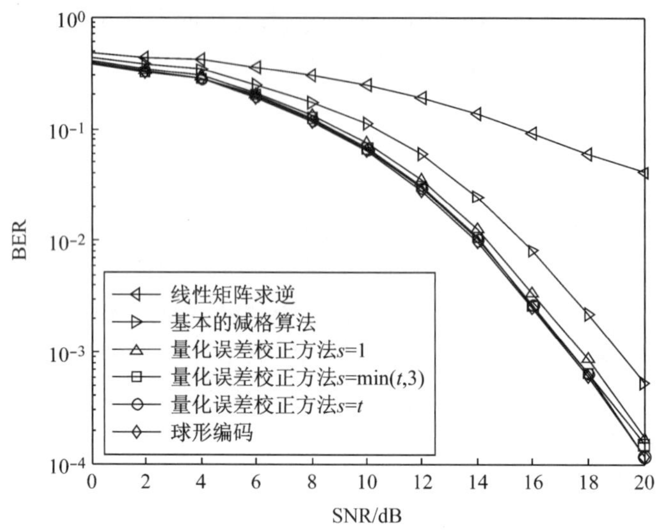

图 4-7 不同方案误码率性能比较(4×4 系统,4ASK 调制)

Fig. 4-7 BER performance comparison of various schemes (4×4 system, 4ASK)

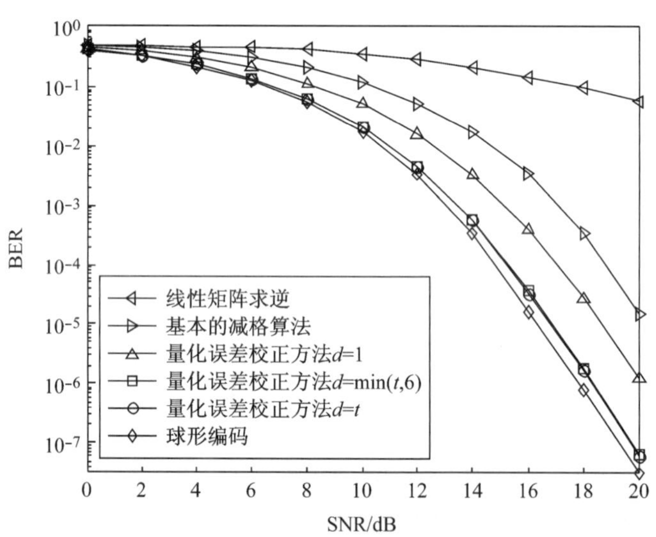

图 4-8 不同方案误码率性能比较(8×8 系统,2ASK 调制)

Fig. 4-8 BER performance comparison of various schemes (8×8 system, 2ASK)

接近球形编码算法。$d=\min(t,6)$的性能曲线基本与$d=t$的性能曲线一致,这个结果符合图4-4 中的分析,即只需要对量化误差数目集中的几种情况进行误差校正,就可以达到较好的效果,从而去除不必要的计算量,这里不必要计算的量化误差校正向量的数目为$\left(2^t-\sum_{j=1}^{\min(t,6)}C_t^j\right)$。因此,本章提出的方法能够根据实际量化误差数目的概率分布,找到合适的量化误差校正集合,去除不必要的计算,在天线数目较多时,显著降低了计算复杂度。另外,调节值d可以在$(1\sim t)$之间进行设定,也可以取得算法在性能和复杂度上的折中。

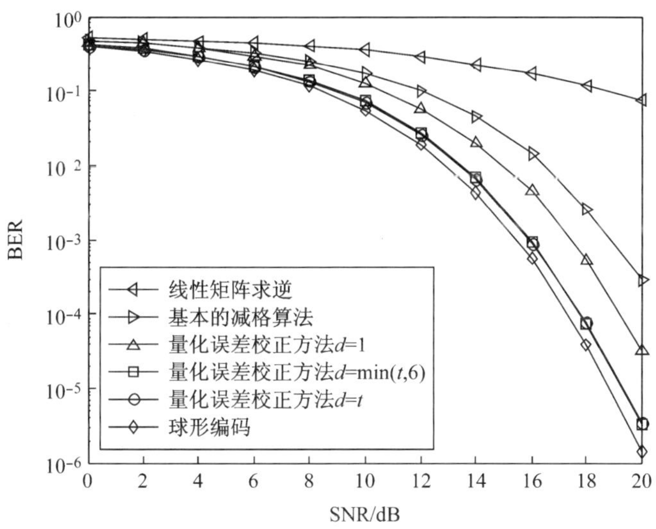

图 4-9　不同方案误码率性能比较(8×8 系统,4ASK 调制)

Fig. 4-9　BER performance comparison of various schemes (8×8 system, 4ASK)

4.4　本章小结

本章提出一种针对格基规约矢量预编码的可调量化误差校正方法,它能够根据实际量化误差数目的概率分布规律,确定合理的调节值,获得合适的量化误差校正矩阵,减小冗余的计算量。仿真表明,在天线数目较少时,只需使用本方法提出的最小量化误差校正矩阵,就可以取得较好的量化误差校正性能;当天线数目较多时,使用合适的调节值获得量化误差校正矩阵,不仅可以得到接近球形编码算法的性能,而且能够显著降低量化误差校正的运算量,是一种降低复杂度的可调量化误差校正方法。

第 5 章　基于几何均值分解的矢量预编码

对 MIMO 信道处理，可用三角分解的方法（如 QR 和 SVD），把 MIMO 信道分解为具有不同对角元素值的三角信道，从而使子信道具有不同的增益。但是，当信道是病态的，这种子信道的不平衡将会对预编码产生严重的干扰，从而导致严重的性能损失。为了改进常用的三角分解的缺点，文献[79]提出了一种几何均值分解（GMD）方法，这种分解方法可以将 MIMO 信道矩阵分解为具有相同对角元素值的三角信道，所有对角元素值均等于信道矩阵特征值的几何均值，使得子信道获得等增益。文献[80]将这种几何平均分解与矢量预编码相结合，获得新的预编码矩阵，其性能优于直接使用信道的伪逆矩阵作为编码矩阵。在文献[80]中，扰动矢量元素的取值范围为某个正整数的整数倍，即一些离散值点，这样在接收端可以通过模操作去除扰动矢量的影响。为了对收发信号的均方误差进行全面分析，本章将扰动矢量扩大到包含连续值的范围，分析收发信号的均方误差，能够既包含扰动矢量为离散值时造成的干扰，也包含了扰动矢量为连续值时造成的干扰，从而增加了分析均方误差的自由度，给出均方误差的显示解。

5.1　基于 GMD 的矢量预编码模型

5.1.1　GMD 简述

对于信道矩阵 $\boldsymbol{H}\in\mathbb{C}^{N_r\times N_t}$，其秩为 l，设 $\boldsymbol{H}$ 的特征值为 $v_1\leqslant v_2\leqslant\cdots\leqslant v_l$，存在酉矩阵 $\boldsymbol{U}$ 和 $\boldsymbol{Q}$，以及一个具有等对角元素的实数上三角矩阵 $\boldsymbol{R}\in\mathbb{R}^{l\times l}$，使得下列三角分解成立

$$\boldsymbol{H}=\boldsymbol{URQ}^{\mathrm{H}} \tag{5-1}$$

其中 $\boldsymbol{R}$ 的对角元素等于 $r_{ii}=\left(\prod_{i=1}^{l}v_i\right)^{\frac{1}{l}}$，这一过程称为对 $\boldsymbol{H}$ 进行了 GMD 分解。

由于 $\boldsymbol{R}$ 的对角元素等于 $\boldsymbol{H}$ 特征值的几何均值，因此这种分解可以获得增益相等的子信道。GMD 算法具有线性复杂度，其具体实现过程见文献[79]。

5.1.2　基于 GMD 的矢量预编码传输模型

图 5-1 给出了基于 GMD 分解的矢量预编码传输框图。

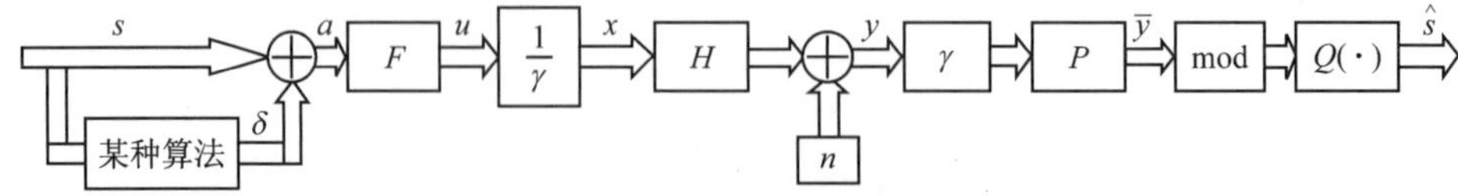

图 5-1　基于 GMD 分解的矢量预编码传输框图

Fig. 5-1　Transmission block-gram of vector precoding based on GMD

其中，产生扰动矢量的算法与第 4 章相同，不同的是预编码矩阵的设计。发射信号 $\boldsymbol{x}$ 经过信道后，接收信号为

$$\boldsymbol{y} = \boldsymbol{H}\boldsymbol{x} + \boldsymbol{n} = \frac{1}{\gamma}\boldsymbol{H}\boldsymbol{F}(\boldsymbol{s} + \boldsymbol{\delta}) + \boldsymbol{n} \tag{5-2}$$

其中功率控制因子为 $\gamma = \frac{1}{P_T}\sqrt{E[\|\boldsymbol{F}(\boldsymbol{s}+\boldsymbol{\delta})\|^2]}$，噪声为加性高斯白噪声，发射信号满足功率约束 $E[\|\boldsymbol{x}\|^2] = P_T$。

对信道矩阵进行 GMD 分解得到 $\boldsymbol{H} = \boldsymbol{U}\boldsymbol{R}\boldsymbol{Q}^{\mathrm{H}}$，带入到式(5-2)得

$$\boldsymbol{y} = \frac{1}{\gamma}\boldsymbol{U}\boldsymbol{R}\boldsymbol{Q}^{\mathrm{H}}\boldsymbol{F}(\boldsymbol{s} + \boldsymbol{\delta}) + \boldsymbol{n} \tag{5-3}$$

接收端通过均衡矩阵可以对信号进行均衡处理，设均衡矩阵 $\boldsymbol{P}$ 为酉矩阵且 $\boldsymbol{P} = \boldsymbol{U}^{\mathrm{H}}$，接收端处理后的信号为

$$\bar{\boldsymbol{y}} = \gamma\boldsymbol{U}^{\mathrm{H}}\boldsymbol{y} = \boldsymbol{R}\boldsymbol{Q}^{\mathrm{H}}\boldsymbol{F}(\boldsymbol{s} + \boldsymbol{\delta}) + \gamma\boldsymbol{U}^{\mathrm{H}}\boldsymbol{n} \tag{5-4}$$

在 ZF 准则下预编码矩阵为 $\boldsymbol{F} = \boldsymbol{Q}\boldsymbol{R}^{\mathrm{H}}(\boldsymbol{R}\boldsymbol{R}^{\mathrm{H}})^{-1}$，使得 $\boldsymbol{P}\boldsymbol{H}\boldsymbol{F} = \boldsymbol{I}$ 关系成立。则式(5-4)为

$$\bar{\boldsymbol{y}} = \boldsymbol{s} + \boldsymbol{\delta} + \gamma\boldsymbol{U}^{\mathrm{H}}\boldsymbol{n} \tag{5-5}$$

最后经过模操作和量化后得到源信号的估计值，即

$$\hat{\boldsymbol{s}} = \boldsymbol{s} + \mathrm{mod}(\boldsymbol{\delta}) + \hat{\boldsymbol{n}} \tag{5-6}$$

其中 $\hat{\boldsymbol{n}} = \gamma\boldsymbol{U}^{\mathrm{H}}\boldsymbol{n}$。

5.2　扰动矢量分析

由式(5-6)可以看出，扰动矢量 $\boldsymbol{\delta}$ 的选择会对最后的符号估计结果产生重要影响，因此本节重点分析了扰动矢量在不同取值范围下的最优解。为了使分析过程清晰易懂，将取值范围分为两种情况：一是扰动矢量可以取连续值；二是扰动矢量取连续值和离散值之和。在这两种情况下，分别求出最小均方误差意义下的扰动矢量并给出接收和发送符号的最小均方误差[81]。

5.2.1　扰动矢量为连续值

当扰动矢量中的元素可以取连续值时，模操作不能消除扰动矢量，因此经过模操作后 $\boldsymbol{\delta}$ 值不变，即 $\mathrm{mod}(\boldsymbol{\delta}) = \boldsymbol{\delta}$。由式(5-6)得到接收与发送符号向量的均方误差为

$$\varepsilon = E\{\|\hat{\boldsymbol{s}} - \boldsymbol{s}\|^2\} = E\{\|\boldsymbol{\delta} + \hat{\boldsymbol{n}}\|^2\} \tag{5-7}$$

将 $\hat{\boldsymbol{n}} = \gamma\boldsymbol{U}^{\mathrm{H}}\boldsymbol{n}$，$\gamma = \frac{1}{P_T}\sqrt{E[\|\boldsymbol{F}(\boldsymbol{s}+\boldsymbol{\delta})\|^2]}$ 以及 $\boldsymbol{F} = \boldsymbol{Q}\boldsymbol{R}^{\mathrm{H}}(\boldsymbol{R}\boldsymbol{R}^{\mathrm{H}})^{-1}$ 带入到式(5-7)中，进一步推导得到

$$\varepsilon = \|\boldsymbol{\delta}\|^2 + \frac{N_r}{\rho}\|\boldsymbol{Q}\boldsymbol{R}^{\mathrm{H}}(\boldsymbol{R}\boldsymbol{R}^{\mathrm{H}})^{-1}(\boldsymbol{s} + \boldsymbol{\delta})\|^2 \tag{5-8}$$

其中 $\rho = \frac{P_T}{\sigma_n^2}$，为了书写方便，下式中均规定 $\frac{N_r}{\rho} \triangleq \alpha$。为了求最优的 $\boldsymbol{\delta}$，将 ε 对 $\boldsymbol{\delta}^{\mathrm{H}}$ 求偏导数，得到

$$\frac{\partial\varepsilon}{\partial\boldsymbol{\delta}^{\mathrm{H}}} = \boldsymbol{\delta} + \alpha(\boldsymbol{R}\boldsymbol{R}^{\mathrm{H}})^{-1}(\boldsymbol{s} + \boldsymbol{\delta}) \tag{5-9}$$

令 $\frac{\partial\varepsilon}{\partial\boldsymbol{\delta}^{\mathrm{H}}} = 0$，得到使 ε 最小的最优 $\boldsymbol{\delta}$ 为

$$\boldsymbol{\delta}_{\mathrm{opt}} = -\alpha(\boldsymbol{R}\boldsymbol{R}^{\mathrm{H}} + \alpha\boldsymbol{I})^{-1}\boldsymbol{s} \tag{5-10}$$

式(5-10)即为扰动矢量为连续值时的最优解。将此式带入 ε 中,得到这种情况下的最小均方误差为

$$\varepsilon_{\min} = \sum_{k=1}^{N_t} \frac{\alpha}{\lambda_k + \alpha} |\langle \boldsymbol{\varphi}_k \cdot \boldsymbol{s} \rangle|^2 \tag{5-11}$$

其中 λ_k 和 $\boldsymbol{\varphi}_k$ 是对矩阵 $\boldsymbol{RR}^{\mathrm{H}}$ 进行特征值分解后的第 k 个特征值和特征向量,即 $\boldsymbol{RR}^{\mathrm{H}}=\boldsymbol{\Phi\Delta\Phi}^{\mathrm{H}}$,$\boldsymbol{\Phi}=[\boldsymbol{\varphi}_1,\cdots,\boldsymbol{\varphi}_k,\cdots,\boldsymbol{\varphi}_{N_r}]$,$\boldsymbol{\Delta}=\mathrm{diag}(\lambda_1\cdots\lambda_k\cdots\lambda_{N_t})$。

5.2.2 扰动矢量为连续值和离散值之和

扩大扰动矢量的取值范围,使之包括连续值和离散值之和,即

$$\boldsymbol{\delta} = \boldsymbol{\xi} + \tau \boldsymbol{l} \tag{5-12}$$

其中,$\boldsymbol{\xi}$ 可取连续值,经过模操作后不变,即 $\mathrm{mod}(\boldsymbol{\xi})=\boldsymbol{\xi}$,$\boldsymbol{l}$ 取离散正整数值,即 $\tau\boldsymbol{l}$ 是 τ 的整数倍,经过模操作运算后 $\mathrm{mod}(\tau\boldsymbol{l})=0$,那么式(5-6)变为

$$\hat{\boldsymbol{s}} = \boldsymbol{s} + \boldsymbol{\xi} + \hat{\boldsymbol{n}} \tag{5-13}$$

在这种情况下,接收与发送向量的均方误差为

$$\begin{aligned}\varepsilon &= \|\boldsymbol{\xi}\|^2 + \alpha\|\boldsymbol{QR}^{\mathrm{H}}(\boldsymbol{RR}^{\mathrm{H}})^{-1}(\boldsymbol{s}+\boldsymbol{\delta})\|^2 \\ &= \|\boldsymbol{\delta} - \tau\boldsymbol{l}\|^2 + \alpha\|\boldsymbol{QR}^{\mathrm{H}}(\boldsymbol{RR}^{\mathrm{H}})^{-1}(\boldsymbol{s}+\boldsymbol{\delta})\|^2\end{aligned} \tag{5-14}$$

仍然对 $\boldsymbol{\delta}^{\mathrm{H}}$ 求偏导数得到

$$\frac{\partial\varepsilon}{\partial\boldsymbol{\delta}^{\mathrm{H}}} = (\boldsymbol{\delta} - \tau\boldsymbol{l}) + \alpha(\boldsymbol{RR}^{\mathrm{H}})^{-1}(\boldsymbol{s}+\boldsymbol{\delta}) \tag{5-15}$$

令 $\frac{\partial\varepsilon}{\partial\boldsymbol{\delta}^{\mathrm{H}}}=0$,得到

$$\boldsymbol{\delta} = (\boldsymbol{I} + \alpha(\boldsymbol{RR}^{\mathrm{H}})^{-1})^{-1}(\tau\boldsymbol{l} - \alpha(\boldsymbol{RR}^{\mathrm{H}})^{-1}\boldsymbol{s}) \tag{5-16}$$

结合式(5-12)和式(5-16),得到连续值部分

$$\boldsymbol{\xi} = -\alpha(\boldsymbol{RR}^{\mathrm{H}} + \alpha\boldsymbol{I})^{-1}(\boldsymbol{s} + \tau\boldsymbol{l}) \tag{5-17}$$

在式(5-17)中,$\tau\boldsymbol{l}$ 仍然是未确定的变量,需要进一步求解。将式(5-16)、(5-17)带入到式(5-14)中得到

$$\begin{aligned}\varepsilon = &\|-\alpha(\boldsymbol{RR}^{\mathrm{H}} + \alpha\boldsymbol{I})^{-1}(\boldsymbol{s}+\tau\boldsymbol{l})\|^2 + \alpha\|\boldsymbol{QR}^{\mathrm{H}}(\boldsymbol{RR}^{\mathrm{H}})^{-1}(\boldsymbol{s} + \\ &(\boldsymbol{I} + \alpha(\boldsymbol{RR}^{\mathrm{H}})^{-1})^{-1}(\tau\boldsymbol{l} - \alpha(\boldsymbol{RR}^{\mathrm{H}})^{-1}\boldsymbol{s}))\|^2\end{aligned} \tag{5-18}$$

式(5-18)右边的第二部分经过整理后得到

$$\boldsymbol{QR}^{\mathrm{H}}(\boldsymbol{RR}^{\mathrm{H}})^{-1}((\boldsymbol{I} - (\boldsymbol{I} + \alpha(\boldsymbol{RR}^{\mathrm{H}})^{-1})^{-1}\alpha(\boldsymbol{RR}^{\mathrm{H}})^{-1})\boldsymbol{s} + (\boldsymbol{I} + \alpha(\boldsymbol{RR}^{\mathrm{H}})^{-1})^{-1}\tau\boldsymbol{l}) \tag{5-19}$$

对式(5-19)中大括号里的第一项使用逆矩阵引理,得到

$$\begin{aligned}&\boldsymbol{QR}^{\mathrm{H}}(\boldsymbol{RR}^{\mathrm{H}})^{-1}((\boldsymbol{I} + \alpha(\boldsymbol{RR}^{\mathrm{H}})^{-1})^{-1}\boldsymbol{s} + (\boldsymbol{I} + \alpha(\boldsymbol{RR}^{\mathrm{H}})^{-1})^{-1}\tau\boldsymbol{l}) \\ &= \boldsymbol{QR}^{\mathrm{H}}(\boldsymbol{RR}^{\mathrm{H}})^{-1}(\boldsymbol{I} + \alpha(\boldsymbol{RR}^{\mathrm{H}})^{-1})^{-1}(\boldsymbol{s} + \tau\boldsymbol{l})\end{aligned} \tag{5-20}$$

将式(5-20)替换式(5-18)右边的第二部分得到

$$\begin{aligned}\varepsilon &= \|-\alpha(\boldsymbol{RR}^{\mathrm{H}} + \alpha\boldsymbol{I})^{-1}(\boldsymbol{s}+\tau\boldsymbol{l})\|^2 + \alpha\|\boldsymbol{QR}^{\mathrm{H}}(\boldsymbol{RR}^{\mathrm{H}})^{-1}(\boldsymbol{I} + \alpha(\boldsymbol{RR}^{\mathrm{H}})^{-1})^{-1}(\boldsymbol{s}+\tau\boldsymbol{l})\|^2 \\ &= \|-\alpha(\boldsymbol{RR}^{\mathrm{H}} + \alpha\boldsymbol{I})^{-1}(\boldsymbol{s}+\tau\boldsymbol{l})\|^2 + \alpha\|\boldsymbol{QR}^{\mathrm{H}}(\boldsymbol{RR}^{\mathrm{H}} + \alpha\boldsymbol{I})^{-1}(\boldsymbol{s}+\tau\boldsymbol{l})\|^2 \\ &= \alpha^2(\boldsymbol{RR}^{\mathrm{H}} + \alpha\boldsymbol{I})^{-\mathrm{H}}(\boldsymbol{RR}^{\mathrm{H}} + \alpha\boldsymbol{I})^{-1}\|\boldsymbol{s}+\tau\boldsymbol{l}\|^2 + \alpha(\boldsymbol{RR}^{\mathrm{H}} + \alpha\boldsymbol{I})^{-\mathrm{H}}\boldsymbol{RR}^{\mathrm{H}}(\boldsymbol{RR}^{\mathrm{H}} + \alpha\boldsymbol{I})^{-1}\|\boldsymbol{s}+\tau\boldsymbol{l}\|^2 \\ &= (\alpha(\boldsymbol{RR}^{\mathrm{H}} + \alpha\boldsymbol{I})^{-\mathrm{H}}(\boldsymbol{RR}^{\mathrm{H}} + \alpha\boldsymbol{I})(\boldsymbol{RR}^{\mathrm{H}} + \alpha\boldsymbol{I})^{-1})\|\boldsymbol{s}+\tau\boldsymbol{l}\|^2 \\ &= (\alpha(\boldsymbol{RR}^{\mathrm{H}} + \alpha\boldsymbol{I})^{-\mathrm{H}})\|\boldsymbol{s}+\tau\boldsymbol{l}\|^2\end{aligned}$$

$$= (\alpha\boldsymbol{\Phi}(\boldsymbol{\Delta}+\alpha\boldsymbol{I})^{-1}\boldsymbol{\Phi}^{\mathrm{H}})\|\boldsymbol{s}+\tau\boldsymbol{l}\|^2$$
$$= \left\|\sqrt{\alpha(\boldsymbol{\Delta}+\alpha\boldsymbol{I})^{-1}}\boldsymbol{\Phi}^{\mathrm{H}}(\boldsymbol{s}+\tau\boldsymbol{l})\right\|^2 \tag{5-21}$$

其中用到 $\boldsymbol{RR}^{\mathrm{H}}=\boldsymbol{\Phi\Delta\Phi}^{\mathrm{H}}$，$\boldsymbol{\Delta}$ 和 $\boldsymbol{\Phi}$ 仍然是 $\boldsymbol{RR}^{\mathrm{H}}$ 特征分解的特征值矩阵和特征向量矩阵，最后得到 ε 为

$$\varepsilon = \alpha\left\|\sqrt{\alpha(\boldsymbol{\Delta}+\alpha\boldsymbol{I})^{-1}}\boldsymbol{\Phi}^{\mathrm{H}}(\boldsymbol{s}+\tau\boldsymbol{l})\right\|^2 \tag{5-22}$$

最小化 ε，就相当于求解最优的离散向量 $\boldsymbol{l}$，即

$$\boldsymbol{l}_{\mathrm{opt}} = \arg\min_{l}\left\|\sqrt{\alpha(\boldsymbol{\Delta}+\alpha\boldsymbol{I})^{-1}}\boldsymbol{\Phi}^{\mathrm{H}}(\boldsymbol{s}+\tau\boldsymbol{l})\right\|^2 \tag{5-23}$$

求解 $\boldsymbol{l}\in\tau\mathbb{Z}^{N_r\times 1}$ 仍然可以等效为一个最近格点问题，使用球形译码算法或者格基规约算法即可求得最优向量 $\boldsymbol{l}_{\mathrm{opt}}$。将获得的 $\boldsymbol{l}_{\mathrm{opt}}$ 分别带入到式(5-17)和式(5-12)中，就可以得到最佳的连续值 $\boldsymbol{\xi}_{\mathrm{opt}}$ 和扰动矢量 $\boldsymbol{\delta}_{\mathrm{opt}}$。这种情况下的最小均方误差将为

$$\varepsilon_{\min} = \sum_{k=1}^{N_r}\frac{\alpha}{\lambda_k+\alpha}\left|\langle\boldsymbol{\varphi}_k\cdot(\boldsymbol{s}+\tau\boldsymbol{l}_{\mathrm{opt}})\rangle\right|^2 \tag{5-24}$$

通过推导获得了式(5-11)和式(5-24)，它们分别为扰动矢量为离散值、扰动矢量为离散值和连续值之和时的最小均方误差显示解。

5.3　块对角化处理

5.1 节和 5.2 节提出的几何均值矢量预编码适合于单用户场景，若将此方法扩展到多用户场景，可以使用块对角化方法将单个用户的预编码矩阵置于其他用户信道的零空间中，使得多用户信道变换为块对角化结构，形成多个独立并行的等效单用户信道，达到多用户间干扰消除的目的。

根据 2.3 节的多用户 MIMO 下行链路模型，式(2-9)重写如下

$$\boldsymbol{y} = \boldsymbol{Hx}+\boldsymbol{n} \tag{5-25}$$

其中 $\boldsymbol{H}=[\boldsymbol{H}_1^{\mathrm{H}},\boldsymbol{H}_2^{\mathrm{H}},\cdots,\boldsymbol{H}_K^{\mathrm{H}}]^{\mathrm{H}}\mathbb{C}^{N_r\times N_t}$ 为发射天线到所有接收天线的信道矩阵，$\boldsymbol{n}=[\boldsymbol{n}_1^{\mathrm{H}},\boldsymbol{n}_2^{\mathrm{H}},\cdots,\boldsymbol{n}_K^{\mathrm{H}}]^{\mathrm{H}}\in\mathbb{C}^{N_r\times 1}$ 为所有用户接收的加性噪声。

如果将式(5-25)分解，表示每个用户的传输模型，则第 k 个用户的接收信号为

$$\boldsymbol{y}_k = \boldsymbol{H}_k\boldsymbol{F}_k\boldsymbol{x}_k+\boldsymbol{H}_k\sum_{l=1,l\neq k}^{K}\boldsymbol{F}_l\boldsymbol{x}_l+\boldsymbol{n}_k \tag{5-26}$$

上式右边的第二项表示其他用户对第 k 个用户的干扰。

文献[23]指出，如果将式(5-26)中的 $\boldsymbol{F}_k$ 列向量扩展的子空间置于其他用户信道矩阵的零空间中，就可以消除多用户间的干扰，即 $\boldsymbol{H}_l\boldsymbol{F}_k=0\,(l=1,\cdots,k-1,k+1,\cdots,K)$ 成立。

如果定义 $\bar{\boldsymbol{H}}_k=[\bar{\boldsymbol{H}}_1^{\mathrm{H}},\cdots,\bar{\boldsymbol{H}}_{k-1}^{\mathrm{H}},\bar{\boldsymbol{H}}_{k+1}^{\mathrm{H}},\cdots,\bar{\boldsymbol{H}}_K^{\mathrm{H}}]^{\mathrm{H}}$，那么 $\boldsymbol{F}_k$ 可以取自 $\bar{\boldsymbol{H}}_k$ 的零空间。对 $\bar{\boldsymbol{H}}_k$ 进行奇异值分解得到

$$\bar{\boldsymbol{H}}_k = \bar{\boldsymbol{U}}_k\bar{\boldsymbol{\Lambda}}_k[\bar{\boldsymbol{V}}_k^{(1)}\ \bar{\boldsymbol{V}}_k^{(0)}]^{\mathrm{H}} \tag{5-27}$$

式(5-27)中 $\bar{\boldsymbol{U}}_k$ 和 $\bar{\boldsymbol{\Lambda}}_k$ 分别表示 $\bar{\boldsymbol{H}}_k$ 的左奇异值矩阵和排序后的奇异值矩阵，$\bar{\boldsymbol{V}}_k^{(1)}$ 表示对应非零奇异值的右奇异值矩阵，$\bar{\boldsymbol{V}}_k^{(0)}$ 则为对应零奇异值的右奇异值矩阵。为了消除多用户间的干扰，选择

$$\boldsymbol{F}_k = (\bar{\boldsymbol{V}}_k^{(0)})_{\langle 1:L_k \rangle} \tag{5-28}$$

同理，$\boldsymbol{F}_l(l=1,\cdots,k-1,k+1,\cdots,K)$也处在$\bar{\boldsymbol{H}}_l$的零空间中，因此式(5-26)等价为

$$\boldsymbol{y}_k = \boldsymbol{H}_k\boldsymbol{F}_k\boldsymbol{x}_k + \boldsymbol{n}_k \tag{5-29}$$

由于矩阵$\boldsymbol{F}=[\boldsymbol{F}_1,\boldsymbol{F}_2,\cdots,\boldsymbol{F}_K]$的取值能够消除多用户干扰，使得$\boldsymbol{HF}$矩阵成为块对角化结构。对第$k$个用户定义等价信道为$\boldsymbol{H}_{\mathrm{eff},k}=\boldsymbol{H}_k\boldsymbol{F}_k$，通过对等价信道进行三角分解可以进一步优化接收端的处理。

基于上文中的等价信道$\boldsymbol{H}_{\mathrm{eff},k}$，第$k$个用户的接收信号为

$$\boldsymbol{y}_k = \boldsymbol{H}_{\mathrm{eff},k}\boldsymbol{x}_k + \boldsymbol{n}_k = \sqrt{\frac{P_{T,k}}{\gamma_k}}\boldsymbol{H}_{\mathrm{eff},k}\widetilde{\boldsymbol{F}}_k(\boldsymbol{s}_k+\boldsymbol{\delta}_k)+\boldsymbol{n}_k \tag{5-30}$$

其中$P_{T,k}$为第k个用户的发射功率，γ_k为第k个用户的功率缩放因子，$\widetilde{\boldsymbol{F}}_k$为第$k$个用户的实际预编码矩阵。根据等价信道的概念，式(5-30)与单用户系统模型式5-2形式一样，因此将多用户信道分解为等价单用户信道后，继续对第k个单用户使用5.1节和5.2节的几何均值矢量预编码方法，具体过程不再赘述。

5.4 仿真分析

5.4.1 单用户场景

本节通过仿真来比较提出的两种扰动矢量求解方法[81]与其他矢量预编码的性能。MIMO信道模型采用平坦衰落信道，平坦衰落系数使用瑞利衰落分布，通过误比特率仿真进行性能比较。仿真的方案包括文献[43]提出的基于ZF准则的矢量预编码，以及文献[45]和文献[80]提出的基于MMSE准则的矢量预编码和几何均值分解矢量预编码。由于本章是在几何均值分解矢量预编码基础上，进一步扩大了扰动矢量的取值范围，因此在仿真中将本章的方法命名为广义几何均值分解矢量预编码，并将5.2.1节中扰动矢量取连续值的方案称为广义几何均值分解矢量预编码方案一，5.2.2节中扰动矢量取连续值和离散值之和的方案称为广义几何均值分解矢量预编码方案二。

图5-2和图5-3分别给出了当天线数目较少($N_t=N_r=2$)时的BER曲线，其中图5-2是4QAM调制，图5-3是16QAM调制。

图5-4和图5-5分别给出了当天线数目较多($N_t=N_r=4$)时的BER曲线，其中图5-4是4QAM调制，图5-5是16QAM调制。

仿真表明，广义几何均值分解矢量预编码方案一在特定的条件下，即采用低阶调制方式(4QAM)和低信噪比时(<10 dB)时具有较好的性能。但是它的分集阶数较小，在高信噪比时性能并不好，这是因为当扰动矢量只取离散值时，发送向量$\boldsymbol{x}$对原有的信号向量$\boldsymbol{s}$只是做了线性矩阵处理，并没有增加额外的非线性处理，因此其分集阶数要小于其他基于非线性处理的方案。相对来说，广义几何均值分解矢量预编码方案二具有较好的性能，尤其在用户数目较多的情况下具有较大的分集阶数，有较好的性能改善。但是，注意到广义几何均值分解矢量预编码方案二与几何均值分解矢量预编码具有相同的性能增益，这是因为两者均是在最小均方误差意义下求解扰动矢量中的离散值$\boldsymbol{l}_{\mathrm{opt}}$，但是本章是从扩展扰动矢量取值范围的意义下进行推

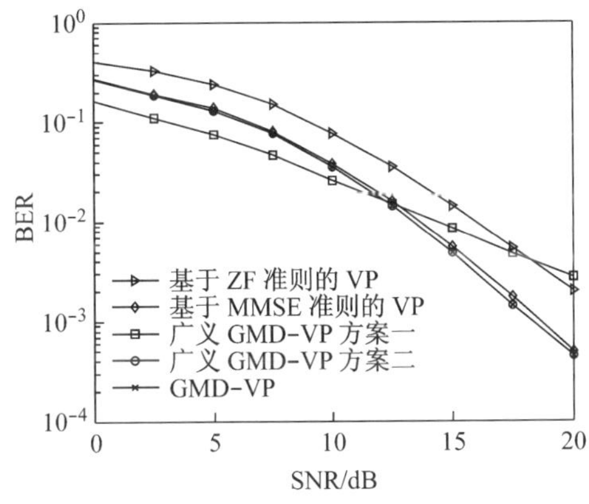

图 5-2　误码率曲线比较($N_t = N_r = 2$,4QAM)

Fig. 5-2　BER performance comparison($N_t = N_r = 2$,4QAM)

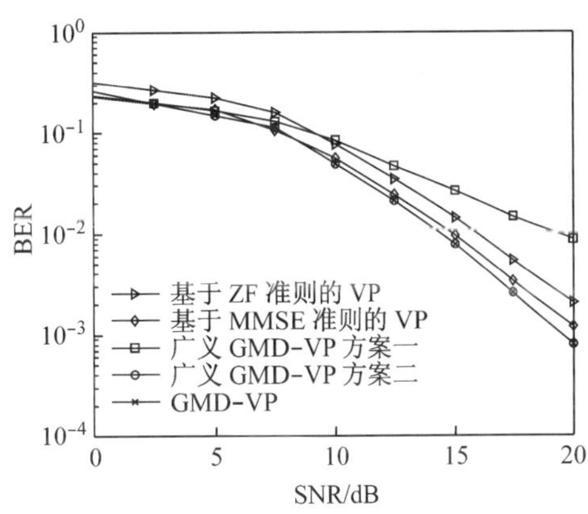

图 5-3　误码率曲线比较($N_t = N_r = 2$,16QAM)

Fig. 5-3　BER performance comparison($N_t = N_r = 2$,16QAM)

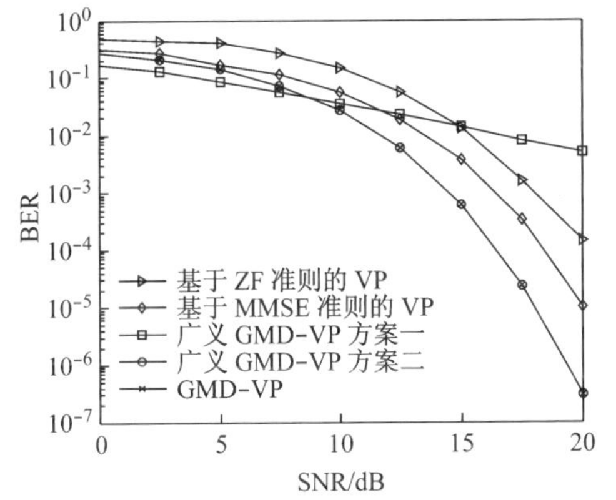

图 5-4　误码率曲线比较($N_t = N_r = 4$,4QAM)

Fig. 5-4　BER performance comparison($N_t = N_r = 4$,4QAM)

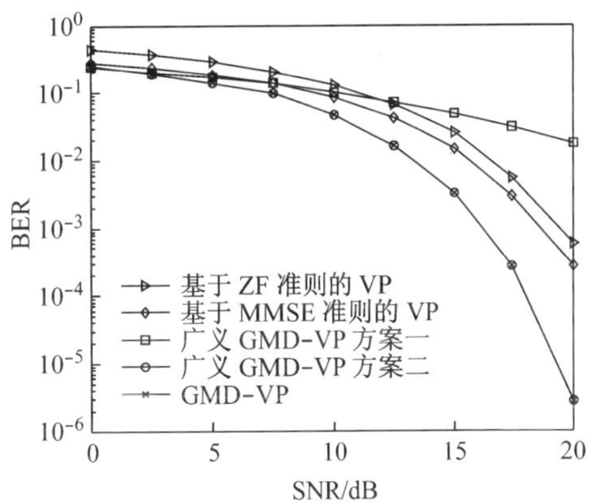

图 5-5　误码率曲线比较($N_t = N_r = 4$,16QAM)

Fig. 5-5　BER performance comparison($N_t = N_r = 4$,16QAM)

导的,因此能够分别给出干扰向量和最小均方误差的显式解,是推导最优扰动矢量的统一框架,有利于从理论上进一步分析系统性能。

5.4.2　多用户场景

本节对提出的块对角化几何均值矢量预编码与其他方法进行仿真比较,采用多用户多天线下行链路系统,并且使用符号$\{N_{r,1},\cdots,N_{r,K}\}\times N_t$ 对用户数目和收发天线结构进行描述,采用 4QAM 调制。信道模型采用平坦衰落信道,平坦衰落系数服从均值为 0,方差为 1 的复高斯分布。通过仿真将提出的算法与其他算法进行比较,包块对角化算法(BD)[23],块对角化矢量预编码算法(BD-VP)[82]和块对角化 MMSE 矢量预编码算法(BD-MVP)[83],对误码率性能进行了比较。图 5-6 和图 5-7 分别对收发天线结构为$\{2,2\}\times 4$,$\{2,4\}\times 6$ 的系统进行了比较,分别表示了不同用户接收天线相等、不同用户接收天线不相等的两种情况。

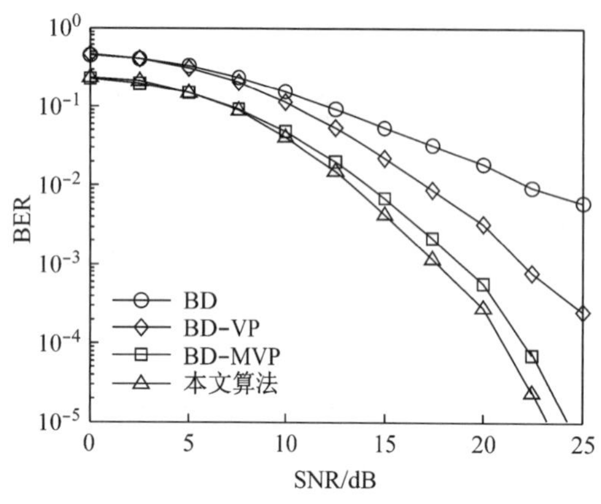

图 5-6 {2,2}×4 系统中不同算法误码率比较

Fig. 5-6 BER performance comparision for {2,2}×4 system

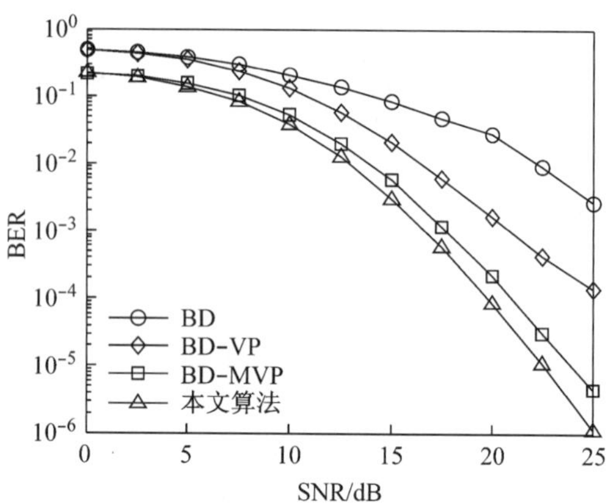

图 5-7 {2,4}×6 系统中不同算法误码率比较

Fig. 5-7 BER performance comparision for {2,4}×6 system

由图 5-6 和图 5-7 可以看出，基于 MMSE 准则的算法（包括了 BD-MVP 和本节算法）在误码率性能上优于迫零准则的算法（包括 BD 和 BD-VP），这是因为基于 MMSE 准则的预编码能够最小化收发信号的均方误差，保留了部分残余干扰，克服了奇异值过大造成的病态信道对系统性能的影响。在不同系统收发天线配置下，文中提出的算法比 BD-MVP 算法有 1～1.5 dB 的性能提高，其原因在于几何均值分解可以平衡不同子信道的增益，降低较低子信道增益对系统性能降低的影响，与预编码相结合能够提高分集增益，进而提高系统的误码率性能。

5.5 本章小结

本章在将几何均值分解和矢量预编码结合的基础上，提出进一步扩大扰动矢量的取值范围，将其分为两种情况，一是扰动矢量包括连续值，二是扰动矢量包括连续值和离散值之和。从理论上推导出两种情况下最优的扰动矢量解，并给出了最小均方误差表达式。仿真表明，第一种情况分集阶数较小，但是在一定的环境中，比如调制阶数较小信噪比较低时，具有优于其它方法的性能；第二种情况能够提供较大的分集阶数，在用户数目较多时有比较大的性能改善。同时，为了将几何均值矢量预编码扩展到多用户场景，提出了块对角化方法将多用户信道分解为等价单用户信道，然后使用单用户算法进行预编码，文中提出的算法误码率性能优于传统的块对角化算法以及其扩展算法，是一种适用于多用户多天线下行链路系统的有效算法。

第 6 章　鲁棒的矢量预编码设计

第 3～5 章设计的预编码系统均假设发射端可以获得理想的信道状态信息，根据实际的信道矩阵求解预编码矩阵。在实际情况中，预编码的设计性能取决于信道状态信息的获取程度。在实际传输系统中，发射端取得信道状态信息的方法一般有两种，对于 FDD 系统，可以由接收端将信道估计结果量化后反馈给发射端；对于 TDD 系统，可利用上下行链路的互惠性，由接收端发射导频或训练序列，由发射端直接据此进行反向信道估计。不论采用哪一种方法，所获得的发射端信道状态信息均不可避免地存在误差，包括信道估计误差和取得信道状态信息以后信道发生变化所带来的误差，以及信道反馈量化误差等等[84]。因此，本章将对发射端已知非理想信道状态信息的情况进行预编码设计，首先给出非理想信道状态信息的模型，基于此模型，描述了已有的鲁棒线性预编码和 THP 预编码方法；然后根据线性及 THP 预编码设计方法扩展到鲁棒矢量预编码设计，最后给出了具体设计方法。

6.1　非理想信道状态信息模型

实际系统中，接收端不能完全准确地估计信道矩阵，会存在信道估计误差，因此本章将使用基于信道估计误差的非理想信道状态信息模型。在每一帧数据中，接收端通过信道估计(如训练序列法、导频插值法和维纳滤波法等)获得信道信息。假设信道估计误差建模为均值为零的复高斯随机变量，那么实际的信道矩阵由以下两个部分构成[85]：

$$\boldsymbol{H}=\hat{\boldsymbol{H}}+\Delta\boldsymbol{H} \tag{6-1}$$

其中，$\hat{\boldsymbol{H}}$是信道估计矩阵，基站通过训练序列进行信道估计后可以获得。$\Delta\boldsymbol{H}$ 表示信道估计误差矩阵，其中的各元素服从均值为零，方差为 σ_ε^2 的复高斯随机变量，并且与$\hat{\boldsymbol{H}}$矩阵的各元素分布独立。方差 σ_ε^2 越大表明信道估计的偏差越大，当 σ_ε^2 为零时表明信道估计完全正确。图 6-1 描述了这种信道模型。

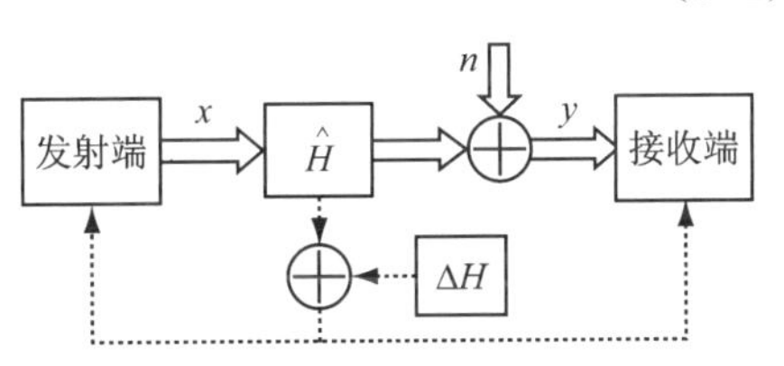

图 6-1　非理想信道状态信息模型

Fig. 6-1　Imperfect channel model

图 6-1 中，发射端或者接收端已知信道信息$\hat{\boldsymbol{H}}$以及 $\Delta\boldsymbol{H}$ 的统计分布情况，而信号实际通过的信道为 $\boldsymbol{H}$，因此发射端实际上已知的是非理想信道信息，本章将基于这个模型进行预编码设计。

6.2　鲁棒线性预编码和鲁棒 THP 预编码

6.2.1　鲁棒线性预编码[49]

在线性预编码中，线性预编码矩阵左乘原始数据信号向量，获得发射信号，经过信道后得到

$$y = Hx + n \tag{6-2}$$

其中，$x=\frac{P_T}{\gamma}Fs=\frac{P_T}{\sqrt{E[\|Fs\|^2]}}Fs$，发射信号功率约束为 $E(x^{H}x)\leqslant P_T$。

接收端对信号进行量化后得到信号源估计值$\hat{s}$，则收发信号的均方误差为

$$\varepsilon = E[e^{H}e] = E\left[\left\|(HF-I)s+\frac{\gamma}{P}n\right\|^{2}\right] \tag{6-3}$$

将信道模型式(6-1)带入式(6-3)得到

$$\varepsilon = E\left[\left\|((\hat{H}+\Delta H)F-I)s+\frac{\gamma}{P}n\right\|^{2}\right] \tag{6-4}$$

在非理想信道状态信息模型下，系统在发射信号功率约束下最小化 MSE，获得鲁棒的预编码矩阵 F，即

$$F_{opt} = \arg\min E\left[((\hat{H}+\Delta H)F-I)s+\frac{\gamma}{P}n\right] \tag{6-5}$$

$$\text{s. t. } E(x^{H}x)\leqslant P_T$$

使用拉格朗日乘子法求解此式，具体见文献[49]，得到

$$F_{opt} = \hat{H}^{H}\left(\hat{H}\hat{H}^{H}+\left(N_r\sigma_{\varepsilon}^{2}+\frac{N_r\sigma_n^{2}}{P_T}\right)I\right)^{-1} \tag{6-6}$$

这里用到了$\hat{H}$与ΔH 的元素互相独立，以及 $E[\Delta H\Delta H^{H}]=\sigma_{\varepsilon}^{2}I_{N_r}$ 和 $E[nn^{H}]=\sigma_n^{2}I_{N_r}$。

可以看出，基于非理想信道状态信息模型的线性预编码利用了信道估计误差矩阵的二阶统计量 σ_{ε}^{2}，将信道估计误差等效为一种加性噪声进行处理，是一种较为直观的处理方法。

6.2.2 鲁棒 THP 预编码[50]

THP 的基本结构图如图 3-2 所示，其中收发信号的误差为

$$e = \bar{y}-v = ((\hat{H}+\Delta H)F\Gamma-B)q+n \tag{6-7}$$

这里使用了非理想信道状态信息模型。在最小化均方误差准则下，求解预编码矩阵的最优化问题为

$$F_{\text{opt}},B_{\text{opt}} = \arg\min E\left[\|((\hat{H}+\Delta H)F\Gamma-B)q+n\|^{2}\right] \tag{6-8}$$

$$\text{s. t. } E(x^{H}x)\leqslant P_T$$

使用误差和信号正交化的方法求解式(6-8)，具体见参考文献[50]，得到鲁棒的预编码矩阵为

$$F_{\text{opt}} = \hat{H}^{-1}\left(\hat{H}\hat{H}^{H}+\left(N_r\sigma_{\varepsilon}^{2}+\frac{N_r\sigma_n^{2}}{P_T}\right)I\right)R^{-H} \tag{6-9}$$

$$B_{\text{opt}} = \Gamma R \tag{6-10}$$

$$\Gamma = \text{diag}(1/S_{1,1},1/S_{2,2},\cdots,1/S_{K,K}) \tag{6-11}$$

其中，R 是下三角矩阵，并且满足

$$RR^{H} = \left(\hat{H}\hat{H}^{H}+\left(N_r\sigma_{\varepsilon}^{2}+\frac{N_r\sigma_n^{2}}{P_T}\right)I\right)^{H}\hat{H}^{-H}\hat{H}^{-1}\left(\hat{H}\hat{H}^{H}+\left(N_r\sigma_{\varepsilon}^{2}+\frac{N_r\sigma_n^{2}}{P_T}\right)I\right) \tag{6-12}$$

即 R 是式(6-12)的 Cholesky 分解矩阵。

从上述结果可以看出，基于此非理想信道状态信息模型的鲁棒 THP 预编码与鲁棒线性

预编码具有类似的结构，均是利用信道误差的二阶统计量，使其成为一部分加性噪声。基于这种思想，下节将提出鲁棒的矢量预编码设计。

6.3　基于最小化 MSE 准则的鲁棒矢量预编码[86]

6.3.1　算法描述

为了表述清楚，图 6-2 重新画出了矢量预编码框图。

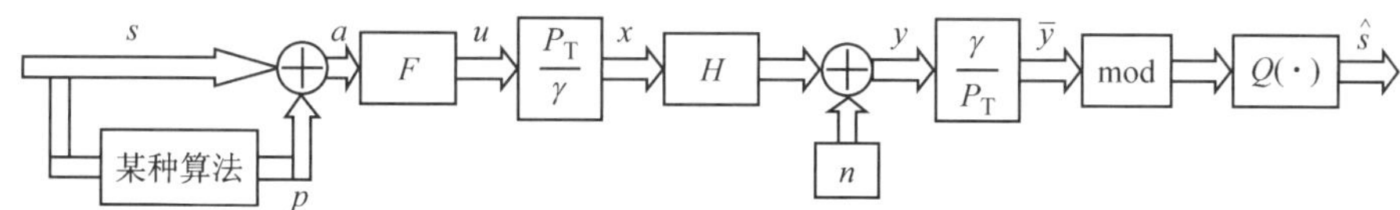

图 6-2　矢量预编码框图

Fig. 6-2　Block diagram of vector precoding

发射向量为

$$\boldsymbol{x}=\frac{P_T}{\gamma}\boldsymbol{F}(\boldsymbol{s}+\boldsymbol{p}) \tag{6-13}$$

其中，$\boldsymbol{p}$ 为扰动矢量，为了 MSE 分析方便，在这里定义扰动矢量由连续值和离散值两部分构成的，即

$$\boldsymbol{p}=\boldsymbol{\xi}+\tau\boldsymbol{l} \tag{6-14}$$

其中，$\boldsymbol{\xi}$ 是扰动矢量的连续值部分，可视为残余干扰，通过模操作不能消除。$\tau\boldsymbol{l}$ 是扰动矢量的离散值部分，可以通过模操作消除。

发射信号通过信道后，接收信号为

$$\boldsymbol{y}=(\hat{\boldsymbol{H}}+\Delta\boldsymbol{H})\cdot\frac{P_T}{\gamma}\boldsymbol{F}(\boldsymbol{s}+\tau\boldsymbol{l}+\boldsymbol{\xi})+\boldsymbol{n} \tag{6-15}$$

对接收信号左乘$\frac{\gamma}{P_T}$并进行模操作以及量化后，得到发射信号的估计值

$$\hat{\boldsymbol{s}}=\mathrm{mod}\left(\frac{\gamma}{P_T}\boldsymbol{y}\right)=\boldsymbol{s}+\boldsymbol{\xi}+\Delta\boldsymbol{H}\cdot\boldsymbol{F}(\boldsymbol{s}+\tau\boldsymbol{l}+\boldsymbol{\xi})+\frac{\gamma}{P_T}\boldsymbol{n} \tag{6-16}$$

这样收发信号的均方误差为

$$\varepsilon=E[\|\hat{\boldsymbol{s}}-\boldsymbol{s}\|^2]=E\left[\left\|\boldsymbol{\xi}+\Delta\boldsymbol{H}\cdot\boldsymbol{F}(\boldsymbol{s}+\tau\boldsymbol{l}+\boldsymbol{\xi})+\frac{\gamma}{P_T}\boldsymbol{n}\right\|^2\right] \tag{6-17}$$

显然，在均方误差矩阵中包含了信道误差矩阵 $\Delta\boldsymbol{H}$。使用鲁棒线性预编码和 THP 预编码相同的原理，利用 $\Delta\boldsymbol{H}$ 的二阶统计量，来计算最优预编码矩阵以及扰动矢量。通过最小化 MSE，最优化问题为

$$\boldsymbol{F}_{\mathrm{opt}},\boldsymbol{l}_{\mathrm{opt}},\boldsymbol{\xi}_{\mathrm{opt}}=\arg\min E\left[\left\|\boldsymbol{\xi}+\Delta\boldsymbol{H}\cdot\boldsymbol{F}(\boldsymbol{s}+\tau\boldsymbol{l}+\boldsymbol{\xi})+\frac{\gamma}{P_T}\boldsymbol{n}\right\|^2\right] \tag{6-18}$$

$$\text{s.t.}\quad E[\|x\|^2]\leqslant P_T$$

求解式(6-18)，首先推导 ε 为

$$\begin{aligned}\varepsilon &= E\left[\left(\boldsymbol{\xi}+\Delta\boldsymbol{H}\cdot\boldsymbol{F}(\boldsymbol{s}+\tau\boldsymbol{l}+\boldsymbol{\xi})+\frac{\gamma}{P_T}\boldsymbol{n}\right)^{\mathrm{H}}\left(\boldsymbol{\xi}+\Delta\boldsymbol{H}\cdot\boldsymbol{F}(\boldsymbol{s}+\tau\boldsymbol{l}+\boldsymbol{\xi})+\frac{\gamma}{P_T}\boldsymbol{n}\right)\right] \\ &= \|\boldsymbol{p}-\tau\boldsymbol{l}\|^2+\left(N_r\sigma_\varepsilon^2+\frac{N_r\sigma_n^2}{P_T}\right)\|\hat{\boldsymbol{H}}^{\mathrm{H}}(\hat{\boldsymbol{H}}\hat{\boldsymbol{H}}^{\mathrm{H}})^{-1}(\boldsymbol{s}+\boldsymbol{p})\|^2\end{aligned} \tag{6-19}$$

在推导过程中利用了 $\Delta\boldsymbol{H}$ 的二阶统计量且 $\Delta\boldsymbol{H}$ 的元素与 $\boldsymbol{\xi}$ 和 $\boldsymbol{n}$ 是相互独立的假设，以及假设 $\boldsymbol{F}=\hat{\boldsymbol{H}}^{\mathrm{H}}(\hat{\boldsymbol{H}}\hat{\boldsymbol{H}}^{\mathrm{H}})^{-1}$。为了求解 $\boldsymbol{p}$，将 ε 对 $\boldsymbol{p}^{\mathrm{H}}$ 求导得

$$\frac{\partial\varepsilon}{\partial\boldsymbol{p}^{\mathrm{H}}}=2(\boldsymbol{p}-\tau\boldsymbol{l})+2\left(N_r\sigma_\varepsilon^2+\frac{N_r\sigma_n^2}{P_T}\right)(\hat{\boldsymbol{H}}\hat{\boldsymbol{H}}^{\mathrm{H}})^{-1}(\boldsymbol{s}+\boldsymbol{p}) \tag{6-20}$$

令式(6-20)为零并定义 $\omega=N_r\sigma_\varepsilon^2+\dfrac{N_r\sigma_n^2}{P_T}$，得

$$\boldsymbol{p}=[\boldsymbol{I}+\omega(\hat{\boldsymbol{H}}\hat{\boldsymbol{H}}^{\mathrm{H}})^{-1}]^{-1}(\tau\boldsymbol{l}-\omega(\hat{\boldsymbol{H}}\hat{\boldsymbol{H}}^{\mathrm{H}})^{-1}\boldsymbol{s}) \tag{6-21}$$

结合式(6-14)和式(6-21)式，得

$$\boldsymbol{\xi}=-\omega(\hat{\boldsymbol{H}}\hat{\boldsymbol{H}}^{\mathrm{H}}+\omega\boldsymbol{I})^{-1}(\boldsymbol{s}+\tau\boldsymbol{l}) \tag{6-22}$$

将式(6-22)代入到式(6-19)得

$$\begin{aligned}\varepsilon &= \omega^2\|(\hat{\boldsymbol{H}}\hat{\boldsymbol{H}}^{\mathrm{H}}+\omega\boldsymbol{I})^{-1}(\boldsymbol{s}+\tau\boldsymbol{l})\|^2+ \\ &\quad \omega\|\hat{\boldsymbol{H}}^{\mathrm{H}}(\hat{\boldsymbol{H}}\hat{\boldsymbol{H}}^{\mathrm{H}})^{-1}(\boldsymbol{s}+(I+\omega(\hat{\boldsymbol{H}}\hat{\boldsymbol{H}}^{\mathrm{H}})^{-1})^{-1}(\tau\boldsymbol{l}-\omega(\hat{\boldsymbol{H}}\hat{\boldsymbol{H}}^{\mathrm{H}})^{-1}\boldsymbol{s}))\|^2\end{aligned} \tag{6-23}$$

通过使用逆矩阵引理，式(6-23)右边第二项可以推导为

$$\|\hat{\boldsymbol{H}}^{\mathrm{H}}(\hat{\boldsymbol{H}}\hat{\boldsymbol{H}}^{\mathrm{H}})^{-1}(\boldsymbol{I}+\omega(\hat{\boldsymbol{H}}\hat{\boldsymbol{H}}^{\mathrm{H}})^{-1})^{-1}(\boldsymbol{s}+\tau\boldsymbol{l})\|^2 \tag{6-24}$$

因此 MSE 成为

$$\begin{aligned}\varepsilon &= \omega^2\|(\hat{\boldsymbol{H}}\hat{\boldsymbol{H}}^{\mathrm{H}}+\omega\boldsymbol{I})^{-1}(\boldsymbol{s}+\tau\boldsymbol{l})\|^2+\omega\|\hat{\boldsymbol{H}}^{\mathrm{H}}(\hat{\boldsymbol{H}}\hat{\boldsymbol{H}}^{\mathrm{H}})^{-1}(\boldsymbol{I}+\omega(\hat{\boldsymbol{H}}\hat{\boldsymbol{H}}^{\mathrm{H}})^{-1})^{-1}(\boldsymbol{s}+\tau\boldsymbol{l})\|^2 \\ &= (\boldsymbol{s}+\tau\boldsymbol{l})^{\mathrm{H}}\omega(\hat{\boldsymbol{H}}\hat{\boldsymbol{H}}^{\mathrm{H}}+\omega\boldsymbol{I})^{-1}(\boldsymbol{s}+\tau\boldsymbol{l})\end{aligned} \tag{6-25}$$

利用特征值分解 $\hat{\boldsymbol{H}}\hat{\boldsymbol{H}}^{\mathrm{H}}=\boldsymbol{U}\boldsymbol{V}\boldsymbol{U}^{\mathrm{H}}$，式(6-25)为

$$\varepsilon=(\boldsymbol{s}+\tau\boldsymbol{l})^{\mathrm{H}}\omega\boldsymbol{U}(\boldsymbol{V}+\omega\boldsymbol{I})^{-1}\boldsymbol{U}^{\mathrm{H}}(\boldsymbol{s}+\tau\boldsymbol{l})=\left\|\sqrt{\omega(\boldsymbol{V}+\omega\boldsymbol{I})^{-1}}\boldsymbol{U}^{\mathrm{H}}(\boldsymbol{s}+\tau\boldsymbol{l})\right\|^2 \tag{6-26}$$

通过最小化 ε，可以得到最优扰动矢量离散值部分的解，即

$$\boldsymbol{l}_{\mathrm{opt}}=\arg\min E\left[\left\|\sqrt{\omega(\boldsymbol{V}+\omega\boldsymbol{I})^{-1}}\boldsymbol{U}^{\mathrm{H}}(\boldsymbol{s}+\tau\boldsymbol{l})\right\|^2\right] \tag{6-27}$$

求解此式既可以使用球形译码算法，也可以使用格基规约算法，求解得到 $\boldsymbol{l}_{\mathrm{opt}}$ 后，根据式(6-22)和式(6-14)可以得到 $\boldsymbol{p}_{\mathrm{opt}}$。将 $\boldsymbol{p}_{\mathrm{opt}}$ 和 ω 代入到式(6-13)中得

$$\boldsymbol{x}=\frac{P_T}{\gamma}\hat{\boldsymbol{H}}^{\mathrm{H}}\left(\hat{\boldsymbol{H}}\hat{\boldsymbol{H}}^{\mathrm{H}}+\left(N_r\sigma_\varepsilon^2+\frac{N_r\sigma_n^2}{P_T}\right)\boldsymbol{I}\right)^{-1}(\boldsymbol{s}+\tau\boldsymbol{l}_{\mathrm{opt}}) \tag{6-28}$$

因此，实际的预编码矩阵为

$$\boldsymbol{F}_{\mathrm{opt}}=\hat{\boldsymbol{H}}^{\mathrm{H}}\left(\hat{\boldsymbol{H}}\hat{\boldsymbol{H}}^{\mathrm{H}}+\left(N_r\sigma_\varepsilon^2+\frac{N_r\sigma_n^2}{P_T}\right)\boldsymbol{I}\right)^{-1} \tag{6-29}$$

如果在求解过程中令 $\Delta\boldsymbol{H}=0$，则不使用误差矩阵的二阶统计特性，而实际通过的信道仍然为 $\boldsymbol{H}$，那么求解的 $\boldsymbol{l}$ 和 $\boldsymbol{F}$ 将是非鲁棒的扰动矢量和预编码矩阵，这里用 $\tilde{\boldsymbol{l}}$ 和 $\tilde{\boldsymbol{F}}$ 表示，并称为传统方法，用于后面的分析。

6.3.2 MSE 分析

进一步推导式(6-26)分析 MSE 得到

$$\varepsilon=\sum_{k=1}^{N_r}\frac{\omega}{\upsilon_k+\omega}\mid\langle \boldsymbol{t}_k^{\mathrm{H}}(\boldsymbol{s}+\tau\boldsymbol{l})\rangle\mid^2=\sum_{k=1}^{N_r}\frac{N_r\sigma_\varepsilon^2+\dfrac{N_r\sigma_n^2}{P_T}}{\upsilon_k+N_r\sigma_\varepsilon^2+\dfrac{N_r\sigma_n^2}{P_T}}\mid\langle \boldsymbol{t}_k^{\mathrm{H}}(\boldsymbol{s}+\tau\boldsymbol{l})\rangle\mid^2 \quad (6\text{-}30)$$

其中 υ_k 是 $\boldsymbol{V}$ 的第 k 个对角线上的值，$\boldsymbol{t}_k$ 是 $\boldsymbol{U}$ 的第 k 列列向量。

如果把传统方法中的$\tilde{\boldsymbol{l}}$和 $\tilde{\boldsymbol{F}}$ 代入到式(6-17)中，得到 MSE 为

$$\tilde{\varepsilon}=\sum_{k=1}^{N_r}\frac{\dfrac{N_r\sigma_n^2}{P_T}}{\upsilon_k+\dfrac{N_r\sigma_n^2}{P_T}}\mid\langle \boldsymbol{t}_k^{\mathrm{H}}(\boldsymbol{s}+\tau\tilde{\boldsymbol{l}})\rangle\mid^2+\sum_{k=1}^{N_r}\frac{\upsilon_k\cdot N_r\sigma_\varepsilon^2}{\left(\upsilon_k+\dfrac{N_r\sigma_n^2}{P_T}\right)^2}\mid\langle \boldsymbol{t}_k^{\mathrm{H}}(\boldsymbol{s}+\tau\tilde{\boldsymbol{l}})\rangle\mid^2 \quad (6\text{-}31)$$

显然，直接使用数学方法很难比较式(6-30)和式(6-31)之间的大小，因此使用仿真方法进行比较。假设在 4×4 系统中，使用 4QAM 调制，σ_ε 分别取 0.2 和 0.1，得到图 6-3 的比较结果。

从图 6-3 中可以看出，具有鲁棒设计的均方误差 ε 要小于非鲁棒设计的$\tilde{\varepsilon}$，因此鲁棒设计的矢量预编码性能要好于传统的矢量预编码。值得注意的是，当 σ_ε 误差较大时，鲁棒方法能取得明显的性能改善；而当 σ_ε 误差较小时，性能改善不明显，这是因为 σ_ε 较小时，影响系统性能的因素主要在于通过信道的加性高斯白噪声，而不是信道估计误差，所以两种方法的性能差距较小。

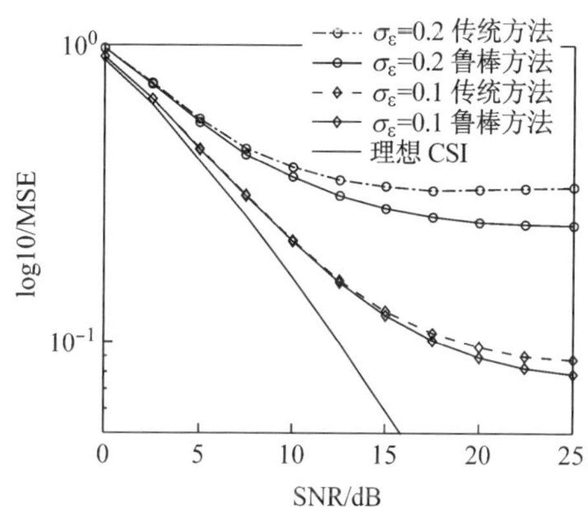

图 6-3　ε 和$\tilde{\varepsilon}$ 的性能比较

Fig. 6-3　Comparisons of ε and $\tilde{\varepsilon}$

6.4　仿真分析

本节通过仿真比较提出的鲁棒矢量预编码算法[86]与其他算法的性能比较。信道模型仍为平坦衰落信道，$\hat{\boldsymbol{H}}$和 $\Delta\boldsymbol{H}$ 的元素分别服从均值为零的复高斯随机变量，即$\hat{\boldsymbol{H}}\sim N_c(0,\boldsymbol{I})$，$\Delta\boldsymbol{H}\sim N_c(0,\sigma_\varepsilon^2\boldsymbol{I})$。图 6-4 给出了提出的方法与传统方法的 BER 比较，传统方法是指文献[43]中的矢量预编码将$\hat{\boldsymbol{H}}$做为已知的信道信息，不考虑 $\Delta\boldsymbol{H}$ 的信息。假设 $\sigma_\varepsilon=0.1$ 和 $\sigma_\varepsilon=0.2$，系统为 4×4 系统，4QAM 调制。

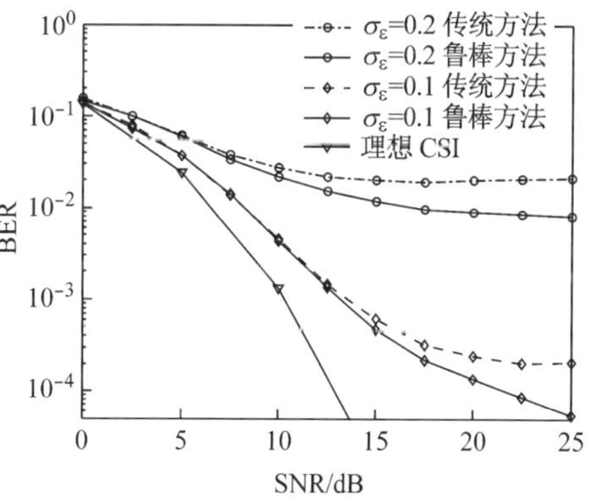

图 6-4　鲁棒方法和传统方法的 BER 性能比较

Fig. 6-4　BER performance comparisons for robust and conventional methods

从图 6-4 中看出，鲁棒算法的 BER 性能好于传统算法，尤其是高信噪比时。BER 性能比较与 MSE 性能比较的趋势一致。为了更直观地表示鲁棒算法与估计误差之间的关系，还比较了信噪比分别为 15 dB 与 20 dB 时，不同信道状态信息误差下，鲁棒预编码方法与传统预编码方法的误码率曲线，如图 6-5 所示。

从图 6-5 中可以看出，当信噪比为 15 dB 时，鲁棒方法在信道状态信息误差大于 0.11 时，开始显现出明显的差异；而当信噪比为 20 dB 时，鲁棒方法在信道状态信息误差为 0.07 时，已经明显优于传统方法。进一步地，比较了提出的鲁棒矢量预编码算法与 6.2 节描述的鲁棒线性预编码和 THP 预编码之间的性能，设 $\sigma_\varepsilon=0.1$，图 6-6 给出了 BER 比较图。

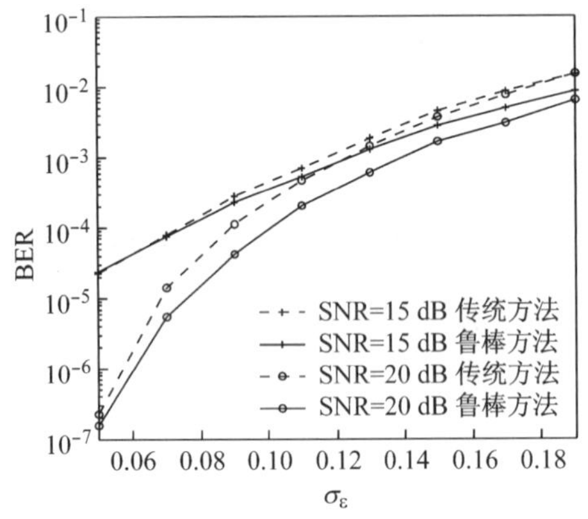

图 6-5　SNR 一定时，信道误差与 BER 的关系图

Fig. 6-5　BER versus channel errors at fixed SNRs

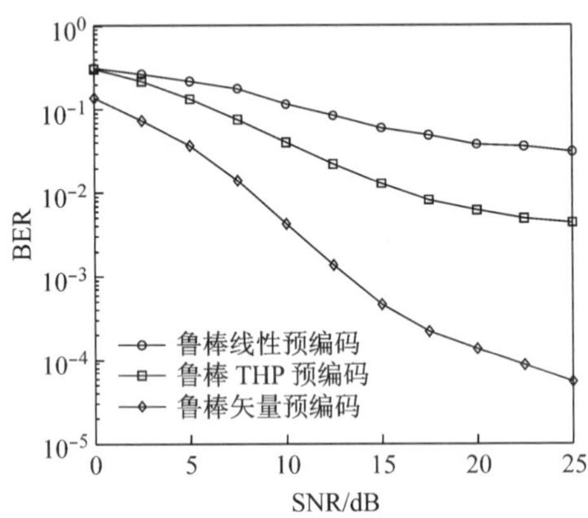

图 6-6　不同鲁棒算法的 BER 性能比较

Fig. 6-6　BER performance comparison of different robust methods

显然，鲁棒矢量预编码算法的性能好于其他两种算法，性能较好的原因部分在于鲁棒设计，部分在于矢量预编码本身较大的分集增益。

6.5　本章小结

本章将非理想信道信息建模为信道估计值和信道误差矩阵，其中信道误差建模为均值为零，方差为 σ_ε^2 的复高斯随机变量，利用信道误差的二阶统计特性，推导了矢量预编码模型中的 MSE 矩阵，通过最小化 MSE 矩阵，得到最优的预编码矩阵和扰动矢量。由于在求解过程中利用了信道误差信息，因此系统的性能要优于传统矢量预编码方法，具有鲁棒性；而且，提出的方法性能也优于鲁棒的线性预编码和 THP 预编码算法，所以是一种有效的鲁棒预编码算法。

第 7 章　鲁棒的 THP 收发机设计

第 6 章的非理想信道状态信息模型主要考虑了信道估计误差的二阶统计量，本章将研究更为复杂的非理想信道状态信息模型，即将发射相关矩阵和接收相关矩阵考虑进信道模型中，使得信道模型包含了收发相关信息，因此，这个模型适用于点对点式 MIMO 系统。基于这个模型，文献[87-88]已给出了鲁棒线性预编码算法，为了进一步提高系统的性能，本章提出了鲁棒非线性预编码算法，即基于 THP 结构的鲁棒收发机设计。首先推导了收发信号的 MSE 函数，然后将 MSE 进行推导，使得接收均衡矩阵、发射反馈矩阵均成为发射预编码矩阵的函数，这样发射预编码矩阵成为唯一需要求解的变量。进一步推导，获得了 MSE 的下界，并且证明了存在条件使得 MSE 可以达到这个下界，因此最小化 MSE 下界求得的预编码矩阵将是最优的，进而可以获得整个收发机的最优解。通过仿真比较，提出的鲁棒 THP 收发机算法性能不仅好于线性预编码算法，也好于传统的 THP 收发机性能。

7.1　系统模型及问题描述

7.1.1　信号模型

图 7-1(a)中给出了基于 THP 预编码的系统传输模型，系统的发射端采用 THP 预编码结构，接收端采用线性均衡结构[89-90]，图 7-1(b)表示 THP 预编码的等价线性模型。如图 7-1 所示，原始信号为 $\boldsymbol{s}\in\mathbb{C}^{B\times 1}$，$B\leqslant N_t$ 为并行发送的数据流数目，$\boldsymbol{s}$ 的元素取自 M-QAM 调制星座图，并且通过功率归一化使得 $E[\boldsymbol{s}\boldsymbol{s}^{\mathrm{H}}]=\boldsymbol{I}$ 成立。为减小发射功率，发射端采用模运算，文献[91]中证明了在 THP 中采用模运算，等效于在 $\boldsymbol{s}$ 中增加一个矢量 $\boldsymbol{p}\in\mathbb{C}^{B\times 1}$，即 $\boldsymbol{v}=\boldsymbol{s}+\boldsymbol{p}$，其中 $\boldsymbol{v}\in\mathbb{C}^{B\times 1}$ 为修正后的数据矢量，如图 7-1(b)所示。信号通过严格下三角反馈矩阵 $\boldsymbol{B}\in\mathbb{C}^{B\times B}$ 的作用，以串行的方式消除信号间干扰，从而得到 $\boldsymbol{u}\in\mathbb{C}^{B\times 1}$，最后通过线性预编码矩阵 $\boldsymbol{P}\in\mathbb{C}^{N_t\times B}$，

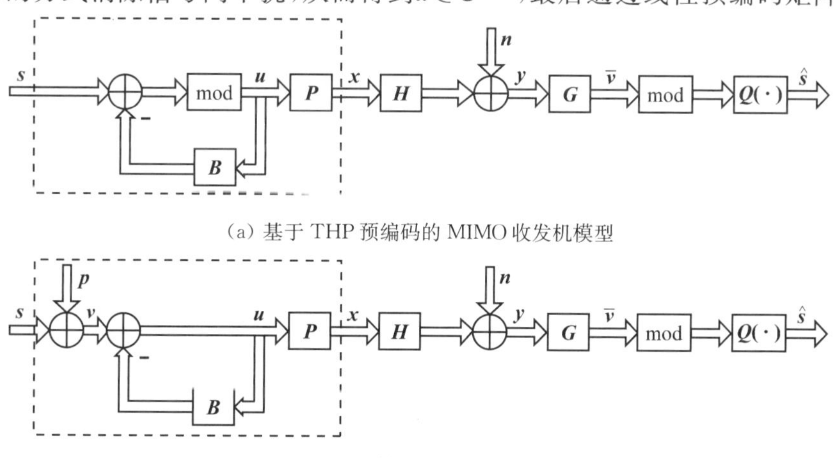

(a) 基于 THP 预编码的 MIMO 收发机模型

(b) 等价线性模型

图 7-1　基于 THP 预编码的传输模型框图

Fig. 7-1　Block diagram of transmission model based on THP precoding

得到发射信号 $\boldsymbol{x}\in\mathbb{C}^{N_t\times 1}$ 为

$$\boldsymbol{x}=\boldsymbol{P}\boldsymbol{u}=\boldsymbol{P}(\boldsymbol{B}+\boldsymbol{I}_K)^{-1}\boldsymbol{v}=\boldsymbol{P}\boldsymbol{C}^{-1}\boldsymbol{v} \tag{7-1}$$

其中 $\boldsymbol{C}=\boldsymbol{B}+\boldsymbol{I}_K$。值得注意的是，信号 $\boldsymbol{u}$ 的能量要稍大于信号 $\boldsymbol{s}$ 的，因为 $\boldsymbol{u}$ 的元素并不全在调制范围内，而是稍大的一个范围，因此会产生预编码损失 $\rho=E[\|\boldsymbol{u}\|^2]/E[\|\boldsymbol{s}\|^2]$。通常，随着 M 的增大，ρ 趋近于 1，因此可以假设 $E[\boldsymbol{u}\boldsymbol{u}^{\mathrm{H}}]=\boldsymbol{I}$。如果不考虑预编码损失，总的发射功率约束将为 $E[\boldsymbol{x}^{\mathrm{H}}\boldsymbol{x}]=\mathrm{tr}(\boldsymbol{P}\boldsymbol{P}^{\mathrm{H}})\leqslant P_T$。

在接收端，接收矩阵 $\boldsymbol{G}\in\mathbb{C}^{B\times N_r}$ 用来均衡接收信号，即

$$\bar{\boldsymbol{v}}=\boldsymbol{G}\boldsymbol{H}\boldsymbol{P}\boldsymbol{C}^{-1}\boldsymbol{v}+\boldsymbol{G}\boldsymbol{n} \tag{7-2}$$

其中 $\bar{\boldsymbol{v}}\in\mathbb{C}^{B\times 1}$ 是 $\boldsymbol{v}$ 的估计值；$\boldsymbol{H}\in\mathbb{C}^{N_r\times N_t}$ 为信道矩阵元素；h_{n_r,n_t} 表示第 n_r 根接收天线到第 n_t 根发射天线间的平坦衰落信道响应；$\boldsymbol{n}\in\mathbb{C}^{N_r\times 1}$ 为独立同分布的零均值高斯白噪声，协方差矩阵 $\boldsymbol{R}_n=E[\boldsymbol{n}\boldsymbol{n}^{\mathrm{H}}]=\sigma_n^2\boldsymbol{I}$。通过 $\boldsymbol{G}$ 的线性处理后，使用模运算来消除扰动矢量的作用，并通过量化得到对原始信号的估计值 $\hat{\boldsymbol{s}}$。

7.1.2　信道模型

对于包含收发相关信息的非理想信道状态信息模型，本章将采用文献[92-94]描述的模型，如式(7-3)所示

$$\boldsymbol{H}=\bar{\boldsymbol{H}}+(\boldsymbol{R}_{e,RX})^{1/2}\boldsymbol{E}_w(\boldsymbol{R}_{TX})^{1/2}=\bar{\boldsymbol{H}}+\bar{\boldsymbol{E}} \tag{7-3}$$

其中 $\bar{\boldsymbol{H}}\in\mathbb{C}^{N_r\times N_t}$ 表示信道均值矩阵；$\bar{\boldsymbol{E}}=(\boldsymbol{R}_{e,RX})^{1/2}\boldsymbol{E}_w(\boldsymbol{R}_{TX})^{1/2}$ 表示信道估计误差矩阵，$\boldsymbol{E}_w\in\mathbb{C}^{N_r\times N_t}$ 中的元素满足独立同分布的高斯分布 $N_c(0,\sigma_{ce}^2)$，$\boldsymbol{R}_{e,RX}$ 和 $\boldsymbol{R}_{TX}$ 分别表示接收空间相关矩阵与发送空间相关信息。这里 $\boldsymbol{R}_{TX}$ 只是简单地采用信道的发射相关矩阵，而 $\boldsymbol{R}_{e,RX}=(\boldsymbol{I}+\sigma_{ce}^2\boldsymbol{R}_{RX}^{-1})^{-1}$ 则表示使用最小 MSE 信道估计法时接收空间相关矩阵，其中 $\sigma_{ce}^2=\dfrac{\mathrm{tr}(\boldsymbol{R}_{TX}^{-1})\sigma_n^2}{P_{tr}}$，而 P_{tr} 为训练序列的功率。假设 $\boldsymbol{R}_{TX}$ 和 $\boldsymbol{R}_{RX}$ 都是满秩的。这里 $\bar{\boldsymbol{H}}$，$\boldsymbol{R}_{RX}$，$\boldsymbol{R}_{TX}$，σ_{ce}^2 均为已知，未知部分为 $\boldsymbol{E}_w$。

7.1.3　问题描述

假设忽略预编码损失 ρ，误差信号 $\boldsymbol{e}=\bar{\boldsymbol{v}}-\boldsymbol{v}$ 可以等效于 $\hat{\boldsymbol{s}}-\boldsymbol{s}$。因此，收发信号的 MSE 矩阵将为

$$\begin{aligned}\boldsymbol{MSE}&=E\{\boldsymbol{e}\boldsymbol{e}^{\mathrm{H}}\}=E\{(\boldsymbol{G}(\bar{\boldsymbol{H}}+\bar{\boldsymbol{E}})\boldsymbol{P}\boldsymbol{u}+\boldsymbol{G}\boldsymbol{n}-\boldsymbol{C}\boldsymbol{u})(\boldsymbol{G}(\bar{\boldsymbol{H}}+\bar{\boldsymbol{E}})\boldsymbol{P}\boldsymbol{u}+\boldsymbol{G}\boldsymbol{n}-\boldsymbol{C}\boldsymbol{u})^{\mathrm{H}}\}\\&=\boldsymbol{G}\bar{\boldsymbol{H}}\boldsymbol{P}\boldsymbol{P}^{\mathrm{H}}\bar{\boldsymbol{H}}^{\mathrm{H}}\boldsymbol{G}^{\mathrm{H}}-\boldsymbol{C}\boldsymbol{P}^{\mathrm{H}}\bar{\boldsymbol{H}}^{\mathrm{H}}\boldsymbol{G}^{\mathrm{H}}-\boldsymbol{G}\bar{\boldsymbol{H}}\boldsymbol{P}\boldsymbol{C}^{\mathrm{H}}+\boldsymbol{C}\boldsymbol{C}^{\mathrm{H}}+\boldsymbol{G}[\sigma_{ce}^2\mathrm{tr}(\boldsymbol{R}_{TX}\boldsymbol{P}\boldsymbol{P}^{\mathrm{H}})\boldsymbol{R}_{e,RX}+\boldsymbol{R}_n]\boldsymbol{G}^{\mathrm{H}}\end{aligned} \tag{7-4}$$

上述推导利用了公式 $\boldsymbol{E}(\boldsymbol{E}_w\boldsymbol{A}\boldsymbol{E}_w^{\mathrm{H}})=\sigma_{ce}^2\mathrm{tr}(\boldsymbol{A})\boldsymbol{I}$ 和 $\mathrm{tr}(\boldsymbol{A}_1\boldsymbol{A}_2)=\mathrm{tr}(\boldsymbol{A}_2\boldsymbol{A}_1)$。当 $\sigma_{ce}^2=0$ 时，MSE 矩阵即为理想信道状态信息下的最小均方误差[95]。为表述方便，定义 $\boldsymbol{R}'_n=\sigma_{ce}^2\mathrm{tr}(\boldsymbol{R}_{TX}\boldsymbol{P}\boldsymbol{P}^{\mathrm{H}})\boldsymbol{R}_{e,RX}+\boldsymbol{R}_n$。

本章的设计准则为最小化 MSE 矩阵的迹，从而寻找鲁棒并且最优的 $\boldsymbol{P}$，$\boldsymbol{C}$ 和 $\boldsymbol{G}$ 矩阵，即

$$\begin{gathered}\{\boldsymbol{P}_{\mathrm{opt}},\boldsymbol{C}_{\mathrm{opt}},\boldsymbol{G}_{\mathrm{opt}}\}=\arg\min\ \mathrm{tr}(\boldsymbol{MSE})\\ \text{s. t. }\mathrm{tr}(\boldsymbol{P}\boldsymbol{P}^{\mathrm{H}})\leqslant P_T\end{gathered} \tag{7-5}$$

注意：这里 $\boldsymbol{C}$ 必须为下三角矩阵，并且对角线元素为 1。

7.2 目标函数转化为预编码矩阵的函数

7.2.1 接收机矩阵转化为发射机矩阵的函数

从式(7-4)可以看出，同时求解 $\boldsymbol{P}$,$\boldsymbol{C}$ 和 $\boldsymbol{G}$ 矩阵的最优值是很困难的。因此，使用分步处理方法，首先将接收均衡矩阵 $\boldsymbol{G}$ 和反馈矩阵 $\boldsymbol{C}$ 用预编码矩阵 $\boldsymbol{P}$ 来表示，使得 MSE 矩阵只有唯一变量 $\boldsymbol{P}$，然后在非理想信道状态信息模型下求解最优的 $\boldsymbol{P}$ 矩阵，从而获得整个收发机矩阵。

命题1 假设给定 $\boldsymbol{P}$ 和 $\boldsymbol{C}$，则 MSE 对角线中第 i 个元素是关于 $\boldsymbol{G}$ 的第 i 行的凸二次函数，且与其他行独立。

证明：定义 $\boldsymbol{R}''_n=\bar{\boldsymbol{H}}\boldsymbol{P}\boldsymbol{P}^{\mathrm{H}}\bar{\boldsymbol{H}}^{\mathrm{H}}+\sigma_{ce}^2\operatorname{tr}(\boldsymbol{R}_{TX}\boldsymbol{P}\boldsymbol{P}^{\mathrm{H}})\boldsymbol{R}_{e,RX}+\boldsymbol{R}_n$，MSE 矩阵重写为

$$\boldsymbol{MSE}=\boldsymbol{C}\boldsymbol{C}^{\mathrm{H}}-\boldsymbol{C}\boldsymbol{P}^{\mathrm{H}}\bar{\boldsymbol{H}}^{\mathrm{H}}\boldsymbol{G}^{\mathrm{H}}-\boldsymbol{G}\bar{\boldsymbol{H}}\boldsymbol{P}\boldsymbol{C}^{\mathrm{H}}+\boldsymbol{G}\boldsymbol{R}''_n\boldsymbol{G}^{\mathrm{H}} \tag{7-6}$$

令 $\boldsymbol{g}_i^{\mathrm{H}}$ 为 $\boldsymbol{G}$ 的第 i 行，$\boldsymbol{c}_i^{\mathrm{H}}$ 为 $\boldsymbol{C}$ 的第 i 行，则 MSE 的第 i 个对角线元素可以表示为

$$\boldsymbol{MSE}_{ii}=\|c_i\|^2-\boldsymbol{c}_i^{\mathrm{H}}\boldsymbol{P}^{\mathrm{H}}\bar{\boldsymbol{H}}^{\mathrm{H}}\boldsymbol{g}_i-\boldsymbol{g}_i^{\mathrm{H}}\bar{\boldsymbol{H}}\boldsymbol{P}\boldsymbol{c}_i+\boldsymbol{g}_i^{\mathrm{H}}\boldsymbol{R}''_n\boldsymbol{g}_i \tag{7-7}$$

仅与 $\boldsymbol{g}_i$ 相关。

接收相关矩阵 $\boldsymbol{R}_{RX}$ 是半正定阵，所以 $\boldsymbol{R}_{e,RX}=(\boldsymbol{I}+\sigma_{ce}^2\boldsymbol{R}_{RX}^{-1})^{-1}$ 也是半正定的，而 $\bar{\boldsymbol{H}}\boldsymbol{P}\boldsymbol{P}^{\mathrm{H}}\bar{\boldsymbol{H}}^{\mathrm{H}}$ 和 $\boldsymbol{R}_n$ 同样是半正定阵，因此 $\boldsymbol{R}''_n$ 是半正定阵，由此证明 MSE_{ii} 是 $\boldsymbol{g}_i$ 的凸二次函数，命题结束。

从命题1可知，矩阵 $\boldsymbol{G}$ 可以通过最小化 MSE 对角线元素得到。将 MSE_{ii} 对 $\boldsymbol{g}_i^{\mathrm{H}}$ 求导并令结果等于零，得

$$\boldsymbol{G}=\boldsymbol{C}\boldsymbol{P}^{\mathrm{H}}\bar{\boldsymbol{H}}^{\mathrm{H}}(\bar{\boldsymbol{H}}\boldsymbol{P}\boldsymbol{P}^{\mathrm{H}}\bar{\boldsymbol{H}}^{\mathrm{H}}+\boldsymbol{R}'_n)^{-1} \tag{7-8}$$

因此，通过求解发射机矩阵 $\boldsymbol{C}$ 和 $\boldsymbol{P}$，可以使用式(7-8)获得接收机矩阵。

7.2.2 发射反馈矩阵转化为预编码矩阵的函数

将式(7-8)代入到式(7-4)得到

$$\boldsymbol{MSE}=\boldsymbol{C}(\boldsymbol{I}+\boldsymbol{P}^{\mathrm{H}}\bar{\boldsymbol{H}}^{\mathrm{H}}\boldsymbol{R}'_n\bar{\boldsymbol{H}}\boldsymbol{P})^{-1}\boldsymbol{C}^{\mathrm{H}} \tag{7-9}$$

其中使用了逆矩阵引理，式(7-9)表示 MSE 可以表示为变量为 $\boldsymbol{P}$ 和 $\boldsymbol{C}$ 的函数。

定义 $\boldsymbol{Q}=(\boldsymbol{I}+\boldsymbol{P}^{\mathrm{H}}\bar{\boldsymbol{H}}^{\mathrm{H}}\boldsymbol{R}'_n\bar{\boldsymbol{H}}\boldsymbol{P})^{-1}$ 并对 $\boldsymbol{Q}$ 使用 Cholesky 分解，得 $\boldsymbol{Q}=\boldsymbol{T}\boldsymbol{T}^{\mathrm{H}}$，其中 $\boldsymbol{T}$ 为下三角矩阵且对角线元素为正实数，因此 MSE 矩阵可表示为 $\mathrm{MSE}=\boldsymbol{C}\boldsymbol{T}\boldsymbol{T}^{\mathrm{H}}\boldsymbol{C}^{\mathrm{H}}$。$\boldsymbol{C}$ 为对角线为1的下三角矩阵，利用 Weyl's 不等式[96]，文献[97]证明了在此情况下最优矩阵为 $\boldsymbol{C}=\operatorname{diag}[\boldsymbol{T}_{11},\boldsymbol{T}_{22},\cdots,\boldsymbol{T}_{BB}]\boldsymbol{T}^{-1}$，其中 $\boldsymbol{T}_{ii}$ 是 $\boldsymbol{T}$ 对角线上第 i 个元素，即将发射反馈矩阵 $\boldsymbol{C}$ 转化成 $\boldsymbol{P}$ 的函数。这样，MSE 矩阵可以表示为

$$\boldsymbol{MSE}=\operatorname{diag}[\boldsymbol{T}^2,\boldsymbol{T}^2,\cdots,\boldsymbol{T}^2] \tag{7-10}$$

预编码矩阵 $\boldsymbol{P}$ 成为求解成为 MSE 矩阵的唯一变量。

7.3 求解鲁棒预编码矩阵 P

直接最小化式(7-10)中的 $\operatorname{tr}(\boldsymbol{MSE})$ 仍然十分困难，所以使用算术－几何均值不等式[97]，

首先找到 tr($\boldsymbol{MSE}$)的下界,即

$$\mathrm{tr}(\boldsymbol{MSE})=\sum_{ii=1}^{B}\boldsymbol{T}_{ii}^{2}\geqslant B\Big(\prod_{i=1}^{B}\boldsymbol{T}_{ii}^{2}\Big)^{\frac{1}{B}}=B(\det(\boldsymbol{T}\boldsymbol{T}^{\mathrm{H}}))^{\frac{1}{B}}=B(\det(\boldsymbol{Q}))^{\frac{1}{B}} \tag{7-11}$$

当且仅当 $\boldsymbol{T}^2=\boldsymbol{T}^2=\cdots=\boldsymbol{T}^2$ 时等号成立。首先最小化下界 $B(\det(\boldsymbol{Q}))^{\frac{1}{B}}$,并得到这个最小值,然后寻找合适的预编码矩阵使得代价函数能够达到这个下界,即这个下界为紧的,从而证明了此预编码矩阵为最优解。

最小化 $B(\det(\boldsymbol{Q}))^{\frac{1}{B}}$ 等效于下列问题

$$\begin{aligned}&\min_{\boldsymbol{P}}\ B(\det(\boldsymbol{Q}))^{\frac{1}{B}}\Leftrightarrow\min_{\boldsymbol{P}}\ \ln(\det(\boldsymbol{Q}))\Leftrightarrow\max_{\boldsymbol{P}}\ \ln(\det(\boldsymbol{Q}^{-1}))\\&\Leftrightarrow\max_{\boldsymbol{P}}\ \ln\det(\boldsymbol{I}+\boldsymbol{P}^{\mathrm{H}}\ \bar{\boldsymbol{H}}^{\mathrm{H}}\boldsymbol{R}'_n\ \bar{\boldsymbol{H}}\boldsymbol{P})\\&\quad\text{s.t.}\quad \mathrm{tr}(\boldsymbol{P}\boldsymbol{P}^{\mathrm{H}})\leqslant\boldsymbol{P}_T\end{aligned} \tag{7-12}$$

本章将讨论三种不同空间相关情况下,最优预编码矩阵的求解。这三种情况分别是:① $\boldsymbol{R}_{TX}=\boldsymbol{I}$ 并且 $\boldsymbol{R}_{RX}\neq\boldsymbol{I}$;② $\boldsymbol{R}_{TX}\neq\boldsymbol{I}$ 并且 $\boldsymbol{R}_{RX}=\boldsymbol{I}$;③ $\boldsymbol{R}_{TX}\neq\boldsymbol{I}$ 并且 $\boldsymbol{R}_{RX}\neq\boldsymbol{I}$。注意收发双方能获得相同的非理想信道状态信息。

7.3.1　接收端相关、发射端不相关

假设 $\boldsymbol{R}_{TX}=\boldsymbol{I}$ 并且 $\boldsymbol{R}_{RX}\neq\boldsymbol{I}$,则 $\boldsymbol{R}'_n$ 可以推导为

$$\bar{\boldsymbol{R}}'_n=\sigma_{\alpha e}^2\,\mathrm{tr}(\boldsymbol{P}\boldsymbol{P}^{\mathrm{H}})\boldsymbol{R}_{e,RX}+\boldsymbol{R}_n \tag{7-13}$$

将 $\bar{\boldsymbol{R}}'_n$ 代入 $\det(\boldsymbol{Q}^{-1})$ 得到

$$\begin{aligned}\det(\boldsymbol{Q}^{-1})&=\det\left(\boldsymbol{I}+\frac{\boldsymbol{P}^{\mathrm{H}}}{\sqrt{\mathrm{tr}(\boldsymbol{P}\boldsymbol{P}^{\mathrm{H}})}}\bar{\boldsymbol{H}}^{\mathrm{H}}\left(\sigma_{\alpha e}^2\boldsymbol{R}_{e,RX}+\frac{\boldsymbol{R}_n}{\mathrm{tr}(\boldsymbol{P}\boldsymbol{P}^{\mathrm{H}})}\right)^{-1}\bar{\boldsymbol{H}}\frac{\boldsymbol{P}}{\sqrt{\mathrm{tr}(\boldsymbol{P}\boldsymbol{P}^{\mathrm{H}})}}\right)\\&=\det\left(\boldsymbol{I}+\bar{\boldsymbol{P}}^{\mathrm{H}}\ \bar{\boldsymbol{H}}^{\mathrm{H}}\left(\sigma_{\alpha e}^2\boldsymbol{R}_{e,RX}+\frac{\boldsymbol{R}_n}{\mathrm{tr}(\boldsymbol{P}\boldsymbol{P}^{\mathrm{H}})}\right)^{-1}\bar{\boldsymbol{H}}\ \bar{\boldsymbol{P}}\right)\end{aligned} \tag{7-14}$$

其中 $\bar{\boldsymbol{P}}=\dfrac{P}{\sqrt{\mathrm{tr}(\boldsymbol{P}\boldsymbol{P}^{\mathrm{H}})}}$。当 $\bar{\boldsymbol{P}}$ 固定时,显然 $\det(\boldsymbol{Q}^{-1})$ 与 $\mathrm{tr}(\boldsymbol{P}\boldsymbol{P}^{\mathrm{H}})$ 呈单调递增关系。因此,如果 $\mathrm{tr}(\boldsymbol{P}\boldsymbol{P}^{\mathrm{H}})=\boldsymbol{P}_T$,则 $\det(\boldsymbol{Q}^{-1})$ 可以达到最大值,那么最优化问题将转换为

$$\begin{aligned}&\max_{\boldsymbol{P}}\ \ln\det(\boldsymbol{I}+\boldsymbol{P}^{\mathrm{H}}\ \bar{\boldsymbol{H}}^{\mathrm{H}}(\sigma_{\alpha e}^2P_T\boldsymbol{R}_{e,RX}+\boldsymbol{R}_n)^{-1}\ \bar{\boldsymbol{H}}\boldsymbol{P})\\&\quad\text{s.t.}\quad\mathrm{tr}(\boldsymbol{P}\boldsymbol{P}^{\mathrm{H}})\leqslant P_T\end{aligned} \tag{7-15}$$

式(7-15)与最大化高斯信道互信息问题具有相同的形式,因此可以使用标准的注水算法进行求解。预编码矩阵 $\boldsymbol{P}$ 具有以下结构

$$\boldsymbol{P}=\boldsymbol{V}\boldsymbol{\Omega}\boldsymbol{U} \tag{7-16}$$

其中 $\boldsymbol{V}$ 包含 $\bar{\boldsymbol{H}}^{\mathrm{H}}\ \bar{\boldsymbol{R}}'_n\ \bar{\boldsymbol{H}}$ 的 L 个最大的特征值所对应的特征向量,特征值按降序排列,即 $\lambda_1\geqslant\lambda_2\geqslant\cdots\geqslant\lambda_L$,并且 $L=\min\{\bar{B},B\}$,$\bar{B}$ 是满足不等式 $\bar{B}/\lambda_{\bar{B}}\leqslant\big(P_T+\sum_{j=1}^{\bar{B}}\lambda_j^{-1}\big)$ 的最大正整数。$\boldsymbol{\Omega}=[\mathrm{diag}(\sigma_{\boldsymbol{P},i})_{L\times L}\quad \boldsymbol{0}_{L\times(B-L)}]\in\mathbb{C}^{L\times B}$,通过注水算法可以求得 $\sigma_{\boldsymbol{P},i}$,即 $\sigma_{\boldsymbol{P},i}^2=\mu-\lambda_i^{-1}$,其中,$\mu=\dfrac{1}{L}\big(P_T+\sum_{i=1}^{L}\lambda_i^{-1}\big)$。$\boldsymbol{U}\in\mathbb{C}^{B\times B}$ 具有自由度的任意酉矩阵。根据式(7-16),式(7-11)的下界值将为

$$\mathrm{tr}(\boldsymbol{MSE}) = \varepsilon_A \geqslant B(\det(\boldsymbol{Q}))^{\frac{1}{B}} = B\left[\frac{1}{L}\left(P_T + \sum_{i=1}^{L}\lambda_i^{-1}\right)\right]^{-\frac{L}{B}}\left(\prod_{i=1}^{L}\lambda_i\right)^{-\frac{1}{B}} \tag{7-17}$$

当且仅当 $\boldsymbol{T}^2=\boldsymbol{T}^2=\cdots=\boldsymbol{T}^2$ 时等号成立，也就是说当 $\boldsymbol{T}_{ii}=\sqrt{\sigma_A}$ 时等号成立，这里定义

$$\sigma_A = \left[\frac{1}{L}\left(P_T + \sum_{i=1}^{L}\lambda_i^{-1}\right)\right]^{-\frac{L}{B}}\left(\prod_{i=1}^{L}\lambda_i\right)^{-\frac{1}{B}}。$$

注意到，如果设计合适的具有自由度的酉矩阵 $\boldsymbol{U}$，有可能使等号条件成立，根据式(7-16)中的 $\boldsymbol{P}$，进一步推导 $\boldsymbol{Q}$ 得到

$$\boldsymbol{Q} = (\boldsymbol{U}^{\mathrm{H}}(\boldsymbol{I}+\boldsymbol{\Omega}^{\mathrm{H}}\Sigma\boldsymbol{\Omega})^{-\frac{1}{2}})((\boldsymbol{I}+\boldsymbol{\Omega}^{\mathrm{H}}\Sigma\boldsymbol{\Omega})^{-\frac{1}{2}}U) = (\tilde{\boldsymbol{Q}}\tilde{\boldsymbol{R}})^{\mathrm{H}}(\tilde{\boldsymbol{Q}}\tilde{\boldsymbol{R}}) = \boldsymbol{TT}^{\mathrm{H}} \tag{7-18}$$

其中 $\Sigma=\mathrm{diag}[\lambda_1,\lambda_2,\cdots,\lambda_L]$，$\tilde{\boldsymbol{Q}}$ 是酉矩阵，$\tilde{\boldsymbol{R}}$ 是上三角矩阵。

定理 1[95]　设 $\boldsymbol{\Gamma}$ 是 $M\times M$ 维非奇异对角矩阵，存在酉矩阵 $\boldsymbol{S}$ 使得矩阵 $\boldsymbol{\Gamma S}$ 的 QR 分解具有等对角化的"R 项"，即 $\boldsymbol{\Gamma S}=\boldsymbol{QR}$，其中 $\boldsymbol{Q}$ 是 $M\times M$ 维酉矩阵，$\boldsymbol{R}$ 是具有等对角元素的上三角矩阵，其对角元素值等于 $[\boldsymbol{R}]_{ii} = \left(\prod_{k=1}^{M}\gamma_k\right)^{\frac{1}{M}}(i=1,2,\cdots,M)$，$\gamma_k$ 是 $\boldsymbol{\Gamma}$ 的第 k 个对角元素值。

根据定理 1，存在酉矩阵 $\boldsymbol{U}$，使得 $(\boldsymbol{I}+\boldsymbol{\Omega}^{\mathrm{H}}\Sigma\boldsymbol{\Omega})^{-\frac{1}{2}}\boldsymbol{U}$ 的 QR 分解值中的 $\tilde{\boldsymbol{R}}$ 具有相同的对角元素值，均等于 $\tilde{\boldsymbol{R}}_{ii} = \left(\prod_{j=1}^{B}\gamma_j\right)^{\frac{1}{B}}$，其中 γ_j 是 $(\boldsymbol{I}+\boldsymbol{\Omega}^{\mathrm{H}}\boldsymbol{\Sigma}\boldsymbol{\Omega})^{-\frac{1}{2}}$ 的第 j 个对角元素值，因此 $\boldsymbol{T}_{ii} = \left(\prod_{j=1}^{B}\gamma_j\right)^{\frac{1}{B}}$ 成立。另一方面，通过简单的推导，可以得到 $\sigma_A = \left(\prod_{j=1}^{B}\gamma_j\right)^{\frac{2}{B}}$，那么条件 $\boldsymbol{T}_{ii}=\sqrt{\sigma_A}$ 将成立，也就是通过选择合适的 $\boldsymbol{U}$，ε_A 可以达到其下界值，从而使求得的 $\boldsymbol{P}$ 为最优解。根据以上推导，提出下列命题。

命题 2　在非理想信道状态信息模型 $\boldsymbol{R}_{TX}=\boldsymbol{I}$，$\boldsymbol{R}_{RX}\neq\boldsymbol{I}$ 条件下，当预编码矩阵 $\boldsymbol{P}=\boldsymbol{V\Omega U}$，利用定理 1 设计合理的 $\boldsymbol{U}$，使得 $\boldsymbol{T}_{ii}=\sqrt{\sigma_A}$ 成立，因此 ε_A 可以达到其下界值 $B\sigma_A$。

7.3.2　发射端相关、接收端不相关[98]

假设 $\boldsymbol{R}_{TX}\neq\boldsymbol{I}$ 且 $\boldsymbol{R}_{RX}=\boldsymbol{I}$，则 $\det(\boldsymbol{Q}^{-1})$ 为

$$\begin{aligned}\det(\boldsymbol{Q}^{-1}) &= \det(\boldsymbol{I}+\boldsymbol{P}^{\mathrm{H}}\bar{\boldsymbol{H}}^{\mathrm{H}}(\sigma_e^2\mathrm{tr}(\boldsymbol{R}_{TX}\boldsymbol{PP}^{\mathrm{H}})+\boldsymbol{R}_n)^{-1}\bar{\boldsymbol{H}}\boldsymbol{P}) \\ &= \det\left(\boldsymbol{I}+\frac{\bar{\boldsymbol{H}}\boldsymbol{PP}^{\mathrm{H}}\bar{\boldsymbol{H}}^{\mathrm{H}}}{\sigma_e^2\mathrm{tr}(\boldsymbol{R}_{TX}\boldsymbol{PP}^{\mathrm{H}})+\sigma_n^2}\right)\end{aligned} \tag{7-19}$$

其中定义 $\sigma_e^2=\dfrac{\sigma_{ce}^2}{1+\sigma_{ce}^2}$ 并且在推导过程中使用了 $\det(\boldsymbol{I}+\boldsymbol{AB})=\det(\boldsymbol{I}+\boldsymbol{BA})$。

由于 $\boldsymbol{P}$ 在式中的特殊位置，使得这种情况下的求解比 7.3.1 节中复杂。如果单纯从数学模型角度观察，最大化式(7-19)求解 $\boldsymbol{P}$ 可以等价为最大化互信息量准则下求解线性预编码矩阵，而文献[88]的第四章讨论了最大化互信息量准则的线性预编码设计，其中的式(4-9)～式(4-19)给出了最大化上式(7-19)的解为

$$\boldsymbol{P} = (\sigma_e^2P_T\boldsymbol{R}_{TX}+\sigma_n^2\boldsymbol{I}_{N_t})^{-\frac{1}{2}}\boldsymbol{\Pi\Phi} \tag{7-20}$$

其中

$$\boldsymbol{\Phi} = (\mu/\sigma_n^2)^{-\frac{1}{2}}[\boldsymbol{I}_B-(\mu\tau/\sigma_n^2)\boldsymbol{\Lambda}^{-1}]_+^{\frac{1}{2}} \tag{7-21}$$

$$\tau = \sigma_e^2P_T\mathrm{tr}(\boldsymbol{R}_{TX}\boldsymbol{PP}^{\mathrm{H}})+\sigma_n^2 \tag{7-22}$$

$$\mu[\mathrm{tr}(\boldsymbol{P}\boldsymbol{P}^{\mathrm{H}}) - P_T] = 0 \tag{7-23}$$

矩阵 $\boldsymbol{\Pi}$ 由下面的特征值分解获得

$$\begin{aligned}(\sigma_e^2 P_T \boldsymbol{R}_{TX} + \sigma_n^2 \boldsymbol{I}_{N_t})^{-\frac{1}{2}} \bar{\boldsymbol{H}}^{\mathrm{H}} \bar{\boldsymbol{H}} (\sigma_e^2 P_T \boldsymbol{R}_{TX} + \sigma_n^2 \boldsymbol{I}_{N_t})^{-\frac{1}{2}} \\ = [\boldsymbol{\Pi}\tilde{\boldsymbol{\Pi}}]\begin{bmatrix}\boldsymbol{\Lambda} & \boldsymbol{0}\\ \boldsymbol{0} & \tilde{\boldsymbol{\Lambda}}\end{bmatrix}[\boldsymbol{\Pi} \quad \tilde{\boldsymbol{\Pi}}]^{\mathrm{H}}\end{aligned} \tag{7-24}$$

$r=\mathrm{rank}(\boldsymbol{\Lambda})$是信道矩阵的秩，不是一般性假设 $B=r$。

根据求解的式(7-20)，进一步推导 $\mathrm{tr}(\boldsymbol{MSE})$的下界值，从而获得最优的预编码矩阵。首先将式(7-22)、式(7-23)代入到 $\det(\boldsymbol{Q}^{-1})$得到

$$\begin{aligned}\det(\boldsymbol{Q}^{-1}) &= \det\left(\boldsymbol{I} + \frac{1}{\tau}\boldsymbol{P}^{\mathrm{H}} \bar{\boldsymbol{H}}^{\mathrm{H}} \bar{\boldsymbol{H}}\boldsymbol{P}\right) \\ &= \det\left[\boldsymbol{I} + \frac{1}{\tau}\boldsymbol{\Phi}^{\mathrm{H}}\boldsymbol{\Lambda}\boldsymbol{\Phi}\right] \\ &= \det[\boldsymbol{I} + (\sigma_n^2/\mu\tau)[\boldsymbol{I}_B - (\mu\tau/\sigma_n^2)\boldsymbol{\Lambda}^{-1}]_+ \boldsymbol{\Lambda}]\end{aligned} \tag{7-25}$$

其中，$\boldsymbol{\Lambda}=\mathrm{diag}[\upsilon_1,\upsilon_2,\cdots,\upsilon_B]$的对角线元素为降序排列。

式(7-22)和式(7-23)求解 τ 和 μ 时是迭代算法，当$\frac{\mu\tau}{\sigma_n^2}\leqslant\upsilon_m(m=1,\cdots,B)$成立时，迭代算法停止，此时下列不等式成立

$$\begin{cases}\dfrac{\mu\tau}{\sigma_n^2\upsilon_m} \leqslant 1, & m \leqslant m_0 \\ \dfrac{\mu\tau}{\sigma_n^2\upsilon_m} > 1, & m > m_0\end{cases} \tag{7-26}$$

m_0 是迭代算法停止时的下标。根据式(7-26)，可以得

$$[\boldsymbol{I}_B - (\mu\tau/\sigma_n^2)\boldsymbol{\Lambda}^{-1}]_+ = \mathrm{diag}[1-(\mu\tau/\upsilon_1\sigma_n^2),\cdots,1-(\mu\tau/\upsilon_{m_0}\sigma_n^2),0,\cdots,0] \tag{7-27}$$

将(7-27)代入到(7-25)，$\det(\boldsymbol{Q}^{-1})$计算为

$$\det(\boldsymbol{Q}^{-1}) = \left(\frac{\sigma_n^2}{\mu\tau}\right)^{m_0}\prod_{j=1}^{m_0}\upsilon_j \tag{7-28}$$

因此，MSE 的下界为

$$\mathrm{tr}(\boldsymbol{MSE}) = \varepsilon_B \geqslant B\left(\frac{\sigma_n^2}{\mu\tau}\right)^{-\frac{m_0}{B}}\left(\prod_{j=1}^{m_0}\upsilon_j\right)^{-\frac{1}{B}} \tag{7-29}$$

显然，当 $\boldsymbol{T}_{ii} = \sqrt{\sigma_B}$，$\sigma_B = \left(\frac{\sigma_n^2}{\mu\tau}\right)^{-\frac{m_0}{B}}\left(\prod_{j=1}^{m_0}\upsilon_j\right)^{-\frac{1}{B}}$ 时，ε_B 达到其下界值。

虽然式(7-20)的 $\boldsymbol{P}$ 矩阵可以最大化式(7-19)，但是不一定能获得 MSE 下界值。实际上将任意酉矩阵右乘矩阵 $\boldsymbol{P}$，都是最大化式(7-19)的解，因此可以寻找最合适的酉矩阵使得 MSE 能够获得下界值。将一个 $B\times B$ 的酉矩阵 $\boldsymbol{U}$ 右乘原来的预编码矩阵获得$(\sigma_e^2 P_T\boldsymbol{R}_{TX} + \sigma_n^2\boldsymbol{I}_{N_t})^{-\frac{1}{2}}\boldsymbol{\Pi}\boldsymbol{\Phi}\boldsymbol{U}$，然后将其代入到 $\boldsymbol{Q}$ 得到

$$\begin{aligned}\boldsymbol{Q} &= \left(\boldsymbol{I} + \frac{1}{\tau}\boldsymbol{U}^{\mathrm{H}}\boldsymbol{\Phi}^{\mathrm{H}}\boldsymbol{\Lambda}\boldsymbol{\Phi}\boldsymbol{U}\right)^{-1} \\ &= \boldsymbol{U}^{\mathrm{H}}\left(\boldsymbol{I} + \frac{1}{\tau}\boldsymbol{\Phi}^{\mathrm{H}}\boldsymbol{\Lambda}\boldsymbol{\Phi}\right)^{-\frac{1}{2}}\left(\boldsymbol{I} + \frac{1}{\tau}\boldsymbol{\Phi}^{\mathrm{H}}\boldsymbol{\Lambda}\boldsymbol{\Phi}\right)^{-\frac{1}{2}}\boldsymbol{U}\end{aligned} \tag{7-30}$$

利用定理 1，通过求解 $\boldsymbol{U}$ 可以使得 $\boldsymbol{T}_{ii}=(\prod_{j=1}^{B}\bar{\gamma}_j)^{\frac{1}{B}}=\sqrt{\sigma_B}$ 成立，其中 $\bar{\gamma}_j$ 是 $\left(\boldsymbol{I}+\frac{1}{\tau}\boldsymbol{\Phi}^{\mathrm{H}}\boldsymbol{\Lambda}\boldsymbol{\Phi}\right)^{-\frac{1}{2}}$ 的对角元素值。提出下列命题。

命题 3　在非理想信道状态信息模型 $\boldsymbol{R}_{TX}\neq\boldsymbol{I},\boldsymbol{R}_{RX}=\boldsymbol{I}$ 下，当 $\boldsymbol{P}=(\sigma_e^2P_T\boldsymbol{R}_{TX}+\sigma_n^2\boldsymbol{I}_{N_t})^{-\frac{1}{2}}\boldsymbol{\Pi\Phi U}$ 时，ε_B 达到其下界值 $B\sigma_B$，矩阵 $\boldsymbol{U}$ 仍然使用定理 1 求解，使得 $\boldsymbol{T}_{ii}=\sqrt{\sigma_B}$ 成立。

7.3.3　接收端不相关、发射端不相关[99]

使用和 7.3.2 节相似的方法，根据文献[88]的式(4-28)和式(4-32)可以求解当 $\boldsymbol{R}_{TX}\neq\boldsymbol{I}$ 且 $\boldsymbol{R}_{RX}\neq\boldsymbol{I}$ 时，预编码矩阵为

$$\boldsymbol{P}=(\sigma_{\alpha}^2\tau'\boldsymbol{R}_{TX}+\mu'\boldsymbol{I}_{N_t})^{-\frac{1}{2}}\boldsymbol{\Psi\Xi} \tag{7-31}$$

其中 $\boldsymbol{\Xi}=[\boldsymbol{I}_B-\boldsymbol{\Gamma}^{-1}]_{+}^{\frac{1}{2}}$，$\boldsymbol{\Psi}$ 和 $\boldsymbol{\Gamma}$ 从以下特征值分解得

$$\begin{aligned}&(\sigma_{\alpha}^2\tau'\boldsymbol{R}_{TX}+\mu'\boldsymbol{I}_{N_t})\bar{\boldsymbol{H}}^{\mathrm{H}}(\mathrm{tr}(\boldsymbol{R}_{TX}\boldsymbol{PP}^{\mathrm{H}})\boldsymbol{R}_{e,RX}+\sigma_n^2\boldsymbol{I}_{N_r})\bar{\boldsymbol{H}}(\sigma_{\alpha}^2\tau'\boldsymbol{R}_{TX}+\mu'\boldsymbol{I}_{N_t})^{\frac{1}{2}}\\&=[\boldsymbol{\Psi}\tilde{\boldsymbol{\Psi}}]\begin{bmatrix}\boldsymbol{\Gamma}&\boldsymbol{0}\\\boldsymbol{0}&\tilde{\boldsymbol{\Gamma}}\end{bmatrix}[\boldsymbol{\Psi}\tilde{\boldsymbol{\Psi}}]^{\mathrm{H}}\end{aligned} \tag{7-32}$$

根据求解的式(7-31)，进一步推导得

$$\begin{aligned}\det(\boldsymbol{Q}^{-1})&=\det(\boldsymbol{I}+\boldsymbol{P}^{\mathrm{H}}\bar{\boldsymbol{H}}^{\mathrm{H}}(\sigma_{\alpha}^2\mathrm{tr}(\boldsymbol{R}_{TX}\boldsymbol{PP}^{\mathrm{H}})\boldsymbol{R}_{e,RX}+\sigma_n^2\boldsymbol{I})^{-1}\bar{\boldsymbol{H}}\boldsymbol{P})\\&=\det[\boldsymbol{I}+\boldsymbol{\Xi}^{\mathrm{H}}\boldsymbol{\Gamma\Xi}]\\&=\det[\boldsymbol{I}+[\boldsymbol{I}_B-\boldsymbol{\Gamma}^{-1}]_{+}\boldsymbol{\Gamma}]\end{aligned} \tag{7-33}$$

$\boldsymbol{\Gamma}$ 的对角元素呈降序排列，即 $\boldsymbol{\Gamma}=\mathrm{diag}[\kappa_1,\kappa_2,\cdots,\kappa_B]$，$\kappa_1\geqslant\kappa_2\geqslant\cdots\geqslant\kappa_B$。如果假设 $\kappa_{m'_0}\geqslant1$ 和 $\kappa_{m'_0+1}<1$，得

$$[\boldsymbol{I}_B-\boldsymbol{\Gamma}^{-1}]_{+}=\mathrm{diag}[1-(1/\kappa_1),\cdots,1-(1/\kappa_{m'_0}),0,\cdots,0] \tag{7-34}$$

那么

$$\det(\boldsymbol{Q}^{-1})=\prod_{j=1}^{m'_0}\kappa_j \tag{7-35}$$

因此，MSE 的下界为

$$\mathrm{tr}(\boldsymbol{MSE})=\varepsilon_C\geqslant B(\prod_{j=1}^{m'_0}\kappa_j)^{-\frac{1}{B}} \tag{7-36}$$

当 $\boldsymbol{T}_{ii}=\sqrt{\sigma_C},\sigma_C=(\prod_{j=1}^{m'_0}\kappa_j)^{\frac{1}{B}}$ 时等号成立。使用和 7.3.2 节相同的方法，求得右乘预编码矩阵的酉矩阵 $\boldsymbol{U}$，使得 $\boldsymbol{T}_{ii}=(\prod_{j=1}^{B}\hat{\gamma}_j)^{\frac{1}{B}}=\sqrt{\sigma_C}$ 成立，$\hat{\gamma}_j$ 是 $(\boldsymbol{I}+\boldsymbol{\Xi}^{\mathrm{H}}\boldsymbol{\Gamma\Xi})^{-\frac{1}{2}}$ 的第 j 个对角元素值。

命题 4　在非理想信道信息模型 $\boldsymbol{R}_{TX}\neq\boldsymbol{I},\boldsymbol{R}_{RX}\neq\boldsymbol{I}$ 条件下，当 $\boldsymbol{P}=(\sigma_e^2\tau'\boldsymbol{R}_{TX}+\mu'\boldsymbol{I}_{N_t})^{-\frac{1}{2}}\boldsymbol{\Psi\Xi U}$ 时，ε_C 达到其下界值 $B\sigma_C$，矩阵 $\boldsymbol{U}$ 使用定理 7.1 求解，使得 $\boldsymbol{T}_{ii}=\sqrt{\sigma_C}$ 条件成立。

在命题 2～4 中，求解了在不同相关条件下的最优预编码矩阵。在三种情况下，分别求得了 tr($\boldsymbol{MSE}$)的下界为 $B\sigma_A$，$B\sigma_B$ 和 $B\sigma_C$。当使用定理 1 时，可以求得合适的具有自由度的酉矩阵 $\boldsymbol{U}$，使得等号条件成立，即 $\boldsymbol{T}_{ii}=\sqrt{\sigma_A}(\sqrt{\sigma_B},\sqrt{\sigma_C})$，从而获得最优的 $\boldsymbol{T}$，进一步求得最优的 $\boldsymbol{P}$，

$\boldsymbol{C}$ 和 $\boldsymbol{G}$ 矩阵。

对于线性收发机，没有反馈矩阵，即 $\boldsymbol{C}=\boldsymbol{I}$，那么 MSE 矩阵将是$(\boldsymbol{I}+\boldsymbol{P}^{\mathrm{H}}\bar{\boldsymbol{H}}^{\mathrm{H}}\boldsymbol{R}'_{n}\bar{\boldsymbol{H}}\boldsymbol{P})^{-1}$[100]。使用算术一几何均值不等式，线性收发机也可以获得相同的 tr(***MSE***)下界：$B\sigma_{A}$，$B\sigma_{B}$ 和 $B\sigma_{C}$。但是，在线性收发机中，因为无法满足 MSE 矩阵成为一个对角矩阵，即无法满足等号成立的条件，因此这个下界值无法达到。相反，通过设计 $\boldsymbol{C}$ 矩阵，使得 THP 收发机可以满足等号成立的条件，所以理论上说，THP 收发机的性能将好于线性收发机。

7.4 仿真分析

本节给出上文中所提出的鲁棒收发机设计的仿真结果[98-99]。仿真中，使用式(7-3)中的非理想信道状态信息模型，其中 $\boldsymbol{E}_{w}$ 的元素满足独立同分布的复高斯分布 $N_{c}(0,\sigma_{ce}^{2})$。为了公平比较，在训练序列阶段将$\dfrac{P_{tr}}{\sigma_{n}^{2}}$固定，$\sigma_{ce}^{2}$ 随 $\boldsymbol{R}_{TX}$ 变化。仿真中，当选择$\dfrac{P_{tr}}{\sigma_{n}^{2}}=26.02$ dB 时，$\boldsymbol{R}_{TX}=\boldsymbol{I}$ 时，$\sigma_{ce}^{2}=0.01$。对于收发相关矩阵，采用指数模型，发送空间相关矩阵为 Toeplitz 矩阵，且 $(\boldsymbol{R}_{TX})_{i,j}=\rho_{TX}^{|i-j|}(i,j\in\{1,2,\cdots,N_{t}\})$，其中 $\rho_{TX}(0\leqslant\rho_{TX}<1)$为相关系数。接收相关矩阵 $\boldsymbol{R}_{RX}$ 的定义与发送相关矩阵相似，相关系数为 ρ_{RX} 且 $i,j\in\{1,2,\cdots,N_{r}\}$。信道噪声为加性高斯白噪声，且 $E(\boldsymbol{n}\boldsymbol{n}^{\mathrm{H}})=\sigma_{n}^{2}\boldsymbol{I}_{N_{r}}$。信噪比定义为 $\mathrm{SNR}=E[\boldsymbol{x}^{\mathrm{H}}\boldsymbol{x}]/E[\boldsymbol{n}^{\mathrm{H}}\boldsymbol{n}]$。在所有仿真中，假设天线数 $N_{t}=N_{r}=4$，使用 4QAM 调制。针对 $\boldsymbol{R}_{TX}=\boldsymbol{I}$ 且 $\boldsymbol{R}_{RX}\neq\boldsymbol{I}$，$\boldsymbol{R}_{TX}\neq\boldsymbol{I}$ 且 $\boldsymbol{R}_{RX}=\boldsymbol{I}$，$\boldsymbol{R}_{TX}\neq\boldsymbol{I}$ 且 $\boldsymbol{R}_{RX}\neq\boldsymbol{I}$ 这三种不同场景，分别使用 7.3.1，7.3.2 和 7.3.3 节中所提出的算法。

7.4.1 σ_{ce}^{2} 和 B 的作用

图 7-2 比较了当 σ_{ce}^{2} 随 $\boldsymbol{R}_{TX}$ 变化时，提出的 THP 鲁棒算法的 BER 性能。将 $\rho_{RX}=0.5$ 固定，当 $\rho_{TX}=0,0.5,0.9$ 时，$\sigma_{ce}^{2}=0.01,0.015,0.0739$。同时，还比较了 $B=2$ 和 $B=3$ 的情况。

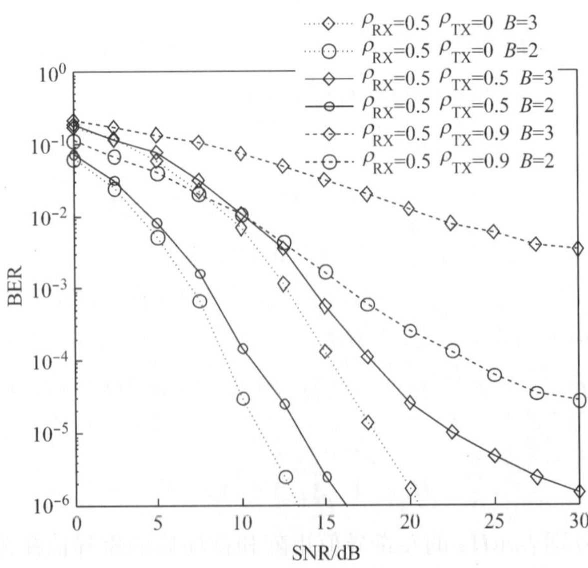

图 7-2 提出的鲁棒 THP 算法随 σ_{ce}^{2} 和 B 变化的 BER 性能(当 $\rho_{TX}=0,0.5,0.9$ 时，$\sigma_{ce}^{2}=0.01,0.015,0.0739$)

Fig. 7-2 BER performance comparison of proposed method with variation of σ_{ce}^{2} and B

从图 7-2 中可以看出，较大的 σ_{ce}^2 将会导致较差的性能。另一方面，减小 B 的值可以提高系统性能，尤其是分集增益。因此，可以选择合适的 B 来补偿 σ_{ce}^2 造成的性能损失。

7.4.2　三种 THP 收发机性能比较

图 7-3 和 7-4 分别给出了三种不同 THP 收发机的 BER 性能比较和 tr($\boldsymbol{MSE}$)性能比较。这三种 THP 收发机分别为：① 非鲁棒 THP 收发机，它假定 $\bar{\boldsymbol{H}}$ 为理想信道信息，不考虑信道误差信息，设计方案为文献[41]提出了针对理想信道信息的方法，在仿真图中用标有"◇"的曲线表示其性能；② 本章提出的鲁棒的 THP 收发机，用标有"○"的曲线表示其性能；③ 理想状态信息下，根据文献[41]得到的 THP 收发机，用标有"□"的曲线表示其性能。

图 7-3 中，在不同相关条件下，提出的鲁棒算法 BER 性能显然优于非鲁棒算法的性能。图 7-4 中，针对 MSE 性能，提出的算法也好于非鲁棒算法。因此，在非理想信道条件下，提出的算法更具有鲁棒性。但是，提出的算法仍然无法完全消除非理想信道信息的影响，存在 BER 误差底和 MSE 误差底。

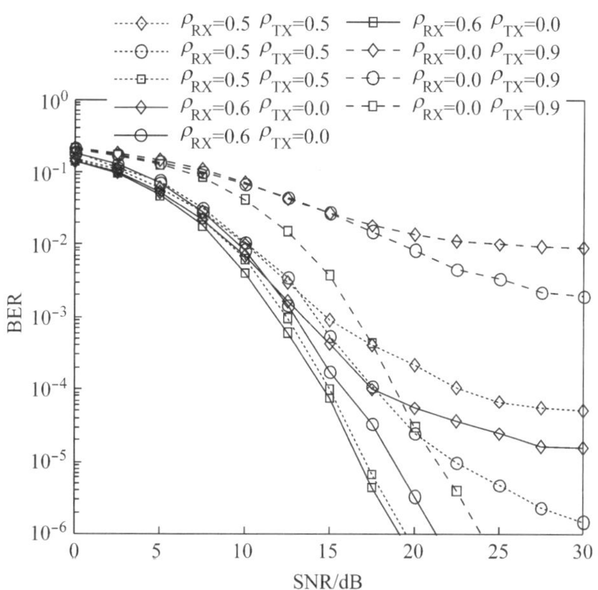

图 7-3　不同 THP 收发机的 BER 性能比较($B=3$，当 $\rho_{TX}=0, 0.5, 0.9$ 时，$\sigma_{ce}^2=0.01, 0.015, 0.0739$)

Fig. 7-3　BER performance comparision among different THP transceivers

7.4.3　鲁棒 THP 收发机和线性收发机比较

文献[87]给出了当 $\boldsymbol{R}_{TX}=\boldsymbol{I}$ 且 $\boldsymbol{R}_{RX}\neq\boldsymbol{I}$ 时，线性收发机的设计方法；而文献[88]给出了其他两种条件下，即 $\boldsymbol{R}_{TX}\neq\boldsymbol{I}$ 且 $\boldsymbol{R}_{RX}=\boldsymbol{I}$ 和 $\boldsymbol{R}_{TX}\neq\boldsymbol{I}$ 且 $\boldsymbol{R}_{RX}\neq\boldsymbol{I}$ 时，鲁棒线性收发机的设计方法。因此，本节对三种线性收发机及本章提出的 THP 收发机进行 BER 和 tr($\boldsymbol{MSE}$)曲线的仿真比较。在仿真图中，用标有"◇"的曲线表示鲁棒线性预编码的性能，用标有"○"的曲线表示鲁棒 THP 预编码的性能。

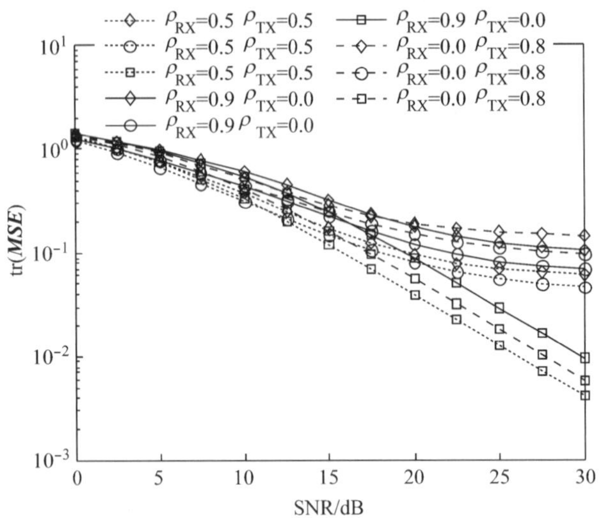

图 7-4 不同 THP 收发机的 tr($\boldsymbol{MSE}$)性能比较($B=3$,当 $\rho_{TX}=0,0.5,0.8$ 时,$\sigma_{ce}^2=0.01,0.015,0.0376$)

Fig. 7-4 tr($\boldsymbol{MSE}$) performance comparision among different THP transceivers

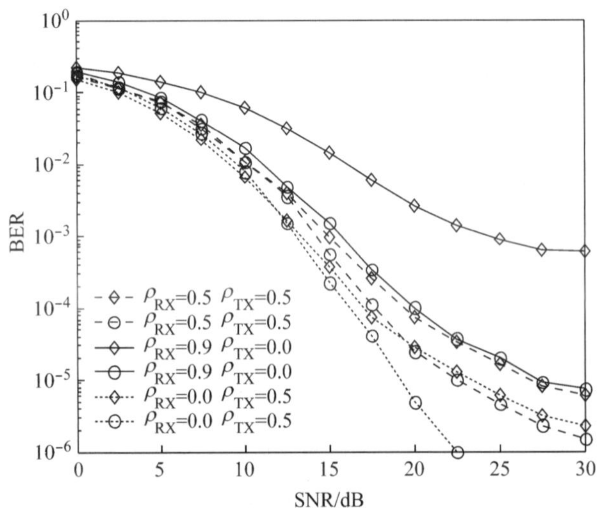

图 7-5 鲁棒 THP 预编码与鲁棒线性预编码的 BER 性能比较($B=3$,当 $\rho_{TX}=0,0.5$ 时,$\sigma_{ce}^2=0.01,0.015$)

Fig. 7-5 BER performance comparison between robust THP transceiver and linear transceivers

图 7-5 给出了 THP 收发机与线性收发机比较的 BER 曲线。显然,提出的方法对非理想的信道状态信息更具有鲁棒性,性能优于线性收发机。尤其在高 SNR 情况下,性能优势更加显著。图 7-6 给出了 tr($\boldsymbol{MSE}$)性能比较,与 BER 性能一致,鲁棒 THP 预编码算法的性能优于鲁棒线性预编码算法。

7.4.4 鲁棒 THP 收发机与鲁棒线性收发机 tr($\boldsymbol{MSE}$) 随 ρ_{RX}和 ρ_{TX}的变化

为了比较在不同相关系数条件下,鲁棒 THP 收发机与鲁棒线性收发机的性能,还给出了随 ρ_{RX}和 ρ_{TX}变化的 tr($\boldsymbol{MSE}$)性能。图 7-7 中,假设 $\rho_{TX}=0$,$\sigma_{ce}^2=0.01$,ρ_{RX}从 0 变化到 0.9。图 7-8 中,假设 $\rho_{RX}=0$,ρ_{TX}从 0 变化到 0.9,σ_{ce}^2随 ρ_{TX}的变化而变化。在仿真图中,仍然用标有

“◇”的曲线表示鲁棒线性预编码的性能，用标有“○”的曲线表示鲁棒 THP 预编码的性能。

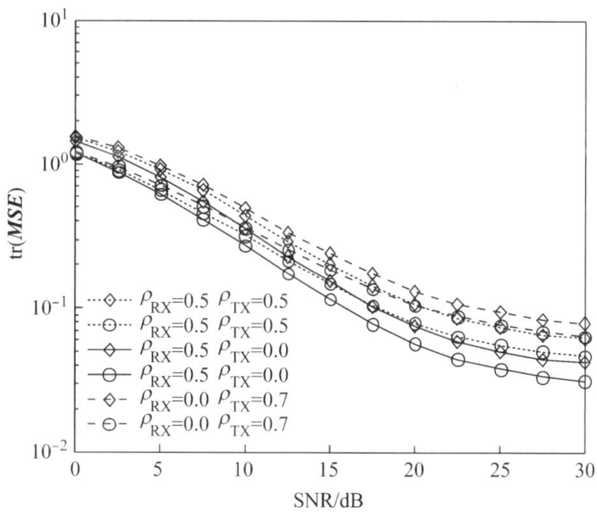

图 7-6　鲁棒 THP 预编码与鲁棒线性预编码的 tr($\boldsymbol{MSE}$)性能比较($B=3$，当 $\rho_{TX}=0,0.5,0.7$ 时，$\sigma_{ce}^2=0.01,0.015,0.0244$)

Fig. 7-6　tr($\boldsymbol{MSE}$) performance comparison between robust THP transceiver and linear transceivers

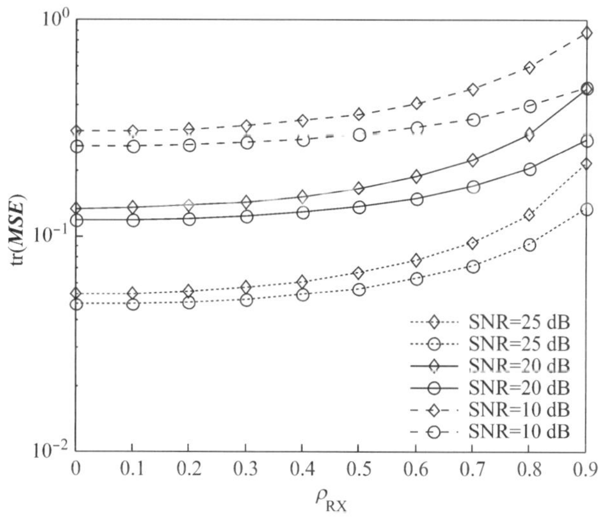

图 7-7　鲁棒 THP 收发机和鲁棒线性收发机随 ρ_{RX} 变化的 tr($\boldsymbol{MSE}$)性能比较

Fig. 7-7　tr($\boldsymbol{MSE}$) versus ρ_{RX} performance comparisons between robust linear and robust THP transceivers

从图 7-7 中可以看出，鲁棒 THP 收发机在 tr($\boldsymbol{MSE}$)上优于线性收发机。同时，随着 ρ_{RX} 的增大，THP 比线性方法的性能优势更加明显，因此，THP 收发机在对抗接收相关性上比线性收发机更具有鲁棒性。图 7-8 中也能得到相似的结论，随着 ρ_{TX} 的增加，THP 收发机获得更多的性能增益，并且提出的 THP 收发机在对抗发射相关性上，也比线性收发机更具有鲁棒性。

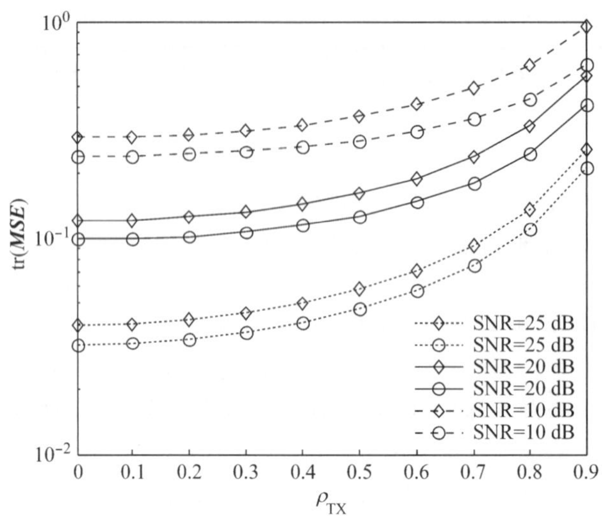

图 7-8 鲁棒 THP 收发机和鲁棒线性收发机随 ρ_{TX} 变化的 tr(**MSE**)性能比较

Fig. 7-8 tr(**MSE**) versus ρ_{TX} performance comparisons between robust linear and robust THP transceivers

7.5 本章小结

在考虑收发相关矩阵的非理想信道状态信息模型下，本章提出了鲁棒的 THP 收发机设计。设计的目标函数是最小化 MSE 矩阵，通过推导将接收矩阵和发射反馈矩阵转化为预编码矩阵，使得预编码矩阵是设计中的唯一变量。在三种不同的相关场景下，分别推导出 MSE 矩阵的下界，求解并证明了存在自由度酉矩阵使得下界值成立，从而获得最优的预编码矩阵。仿真表明，提出的鲁棒 THP 收发机在 BER 性能和 MSE 性能上均优于非鲁棒 THP 收发机，以及各种鲁棒线性收发机，而且随着相关系数的增大，鲁棒性能比线性收发机的性能增强。

第 8 章　基于预编码的多小区干扰消除

2008 年 6 月,为了进一步满足 IMT-Advanced 的要求,3GPP 组织提出了 LTE 的演进版本 LTE-Advanced,新增了协作多点传输(Coordinated of Multi-Point, CoMP)、载波聚合和无线中继等技术[101]。为了提高频谱利用率,LTE 和 LTE-A 系统将多小区间频率复用因子设置为 1,使得小区边缘用户受到较强的邻近小区干扰,以及多用户多天线产生的共信道干扰,导致小区边缘的用户服务质量较差、吞吐量较低。因此,解决多小区间干扰是 LTE 和 LTE-A 系统需要解决的关键问题之一。

通过小区间干扰随机化、用户调度和分配、软切换等传统方法可以在一定程度上降低小区间干扰,称为被动式干扰消除方法。另一方面,从网络设计的角度出发,通过先进信号处理方法和传输技术的支持,可以主动进行干扰消除或者抑制,即多小区基站端组成一个虚拟 MIMO 系统,根据不同基站回程链路(Backhaul Link)之间交互的信道 CSI 或者用户数据信息,通过完全协作、有限协作、分布式等方式,在基站端进行预编码或者波束成形,主动消除邻近小区的干扰仿真验证其性能优于被动式干扰消除方法,因此成为目前业界研究的热点。

8.1　基于预编码的干扰消除方法分类

在主动式多小区干扰消除方法中,多小区基站通过协作和信息交互进行预编码或波束成形设计,实现小区边缘用户无线链路的较高容量和可靠传输,解决小区边缘用户干扰问题,多小区基站协作时存在两个问题:第一,当网络中的基站数目较多时,所有基站之间协作较为困难,解决的方法是将基站通过聚簇方法进行划分,在簇内有限个基站进行协作。一般来说,聚簇方法分为以网络为中心的静态分簇法,和以用户为中心的动态分簇法,或者结合二者优势的混合分簇方法。第二,多小区基站协作下行链路设计的优化问题,通过预编码或者波束成形的优化设计,满足小区边缘用户传输的需求。本课题假设使用静态聚簇方法,将重点研究第二个问题,即干扰消除方法的设计和优化。根据信道状态信息和用户数据在簇内多小区基站之间的交互情况,假设用户反馈的 CSI 以及多小区基站之间共享的 CSI 是无误差的,回程链路可支持的传输容量足够大而且系统可以精准同步,基站端的信号处理方式可以分为三类:

(1) 联合传输(Joint Transmission, JT)处理方式:多小区基站与 CU 相连,CU 能够获得簇内所有基站与下行链路用户的全局用户数据和 CSI,将全部信息在多小区基站间进行共享,多个基站可联合预编码或者波束成形,同时向一个用户传输数据,或者根据信道情况动态选择可进行传输的基站,其信息交互方式如图 8-1 所示。

多小区基站之间构成一个巨大的虚拟 MIMO 天线阵列,可等价视为单小区的多用户多天线场景,即可建模为 MIMO/MISO 的广播信道。研究已知,在高斯广播信道中,使用脏纸编码可以达到容量界,但是由于复杂度过高而在实际系统中难以实现。易于实现的非线性方法是 THP 预编码,文献[31,102,103]分别提出了基站总发射功率约束下的迫零准则[102]、最小均方误差准则以及单小区基站发射功率约束下的 THP 预编码方法[103]。在实际系统中,使用线性方法复杂度更低,文献[104]在多小区基站总功率约束下,直接将单小区的块对角化方法扩

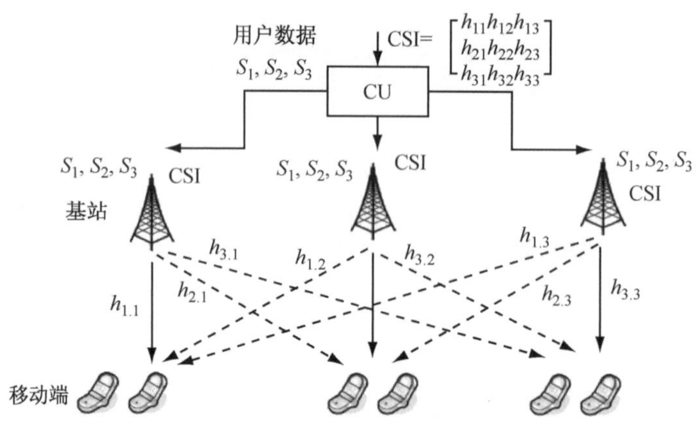

图 8-1　联合传输的信息交互方式

Fig. 8-1　Information exchange mode for joint transmission

展到多小区联合处理中。但是实际上每个基站各自使用独立的功率放大器，因此在每小区基站功率限制约束下的设计更接近真实场景。文献[105]研究了单小区功率约束集合下的 BD 方法。进一步地，文献[106]将单小区功率约束集的 BD 预编码归结为凸优化问题，最大化 MIMO BC 信道的加权和速率，给出了最优 BD 预编码矩阵的闭式解。BD 算法的一种简化方法是迫零波束成形(Zero-Forcing Beamforming, ZF-BF)，文献[107]提出了在单小区功率约束集合下，使用 MISO BC 信道的伪逆矩阵作为 ZF-BF 预编码矩阵，对不同用户之间的信道分解成为并行无干扰子信道，文献[108]证明这种方法是次优的，并提出了广义逆矩阵的 ZF-BF 方法。文献[109]提出了最大干扰特征子信道的预编码，在有效抑制小区间干扰的同时提高了本小区内的发送自由度。考虑多种功率约束，文献[110]提出了在任意功率限制约束下，包含单基站功率限制约束、每天线功率限制约束、每用户功率限制约束和每符号功率限制约束，采用上下行链路对偶方法以及下行链路干扰对偶方法，分别求解了四类约束下最小化和平均均方误差(Mean Square Error, MSE)解，并可转化为其他和 MSE 问题。在联合传输中，基于多种功率约束和多种设计准则下的预编码干扰消除方法已进行了充分的研究，方法已逼近可达速率边界。

由于 JT 方法的联合处理特性，使得不同基站的发射符号需要相位相干，要求系统精准的同步，而且基站与 CU 端的信道信息、用户数据、信令交互信息量需要占用巨大的传输资源，所以在实际中应用较为困难。

(2) 协作调度/波束成形(Coordinated Scheduling/Beamforming, CS/CB)处理方式：簇内小区基站之间进行共享 CSI，而用户数据独立发送，小区间的多基站则通过共享的 CSI 进行协作用户调度或者波束成形，其信息交互方式如图 8-2 所示。

同 JT 方法，CS/CB 也可分别在总功率约束和每基站功率限制约束下进行设计。在聚簇的小区结构下，文献[111]给出了联合功率分配和用户调度实现用户和速率最大化的优化方法。文献[112]推导了使用多小区调度和频率复用时信道容量的边界，通过渐近分析发现多小区调度可以获得扩展多用户分集增益。联合多小区调度、波束成形和功率分配的是一个非凸问题，但是在信干噪比约束下最小化发射功率，可以找到波束成形向量的全局最优解，文献[113]在此目标函数下，在总功率约束下，采用上下行对称的方法，求解多小区波束成形向量。

在总功率约束下，文献[114]提出一种迭代方法最大化最差情况速率，在两基站服务一个用户的场景下可达到最优 Pareto 边界点。文献[115]则在每小区天线功率约束下，对加权和速率最大化得到线性波束成形方法，提出一种新的迭代算法来解决非凸问题。在每基站功率限制约束下，文献[116]将信道质量信息(Channel Quality Information，CQI)包含到最差情况的加权因子中，通过最大化加权信泄噪比(Signal to Leakage plus Noise Ratio，SLNR)获得预编码矩阵。文献[117]利用瞬时信道信息构造标准半定规划优化问题，在每用户信干噪比（Signal to Interference plus Noise Ratio，SINR)需求下最小化总功率。文献[118]提出了一种波束形成与空时块码相结合的发射方案。进一步地，文献[119]在同时考虑小区内和小区间的干扰、用户公平性的条件下，提出了通过迭代的方法，将用户调度、波束成形和功率分配三者进行联合优化的方法，从而实现网络效用最大化。

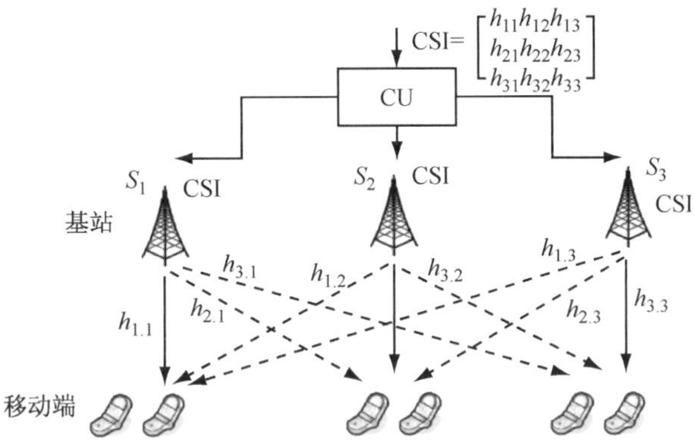

图 8-2　协作调度/波束成形方法信息交互方式

Fig. 8-2　Information exchange mode for Coordinated Scheduling/beamforming

与 JT 方法相比，CS/CB 方法通过联合协作调度、波束成形和功率分配等手段进行干扰消除，能够降低信息交互量，且基站信号不需要载波相位同步。

(3) 分布式处理方式：在 TDD 系统中通过上下行链路的互易性，每小区基站获得各自的本地(local)CSI，小区基站之间没有 CSI 和用户数据的交互；在 FDD 系统中，各小区基站通过回程链路交换有限的信息，通过分布式预编码或者波束成形实现多小区干扰消除，图 8-3 给出了其实现方式。

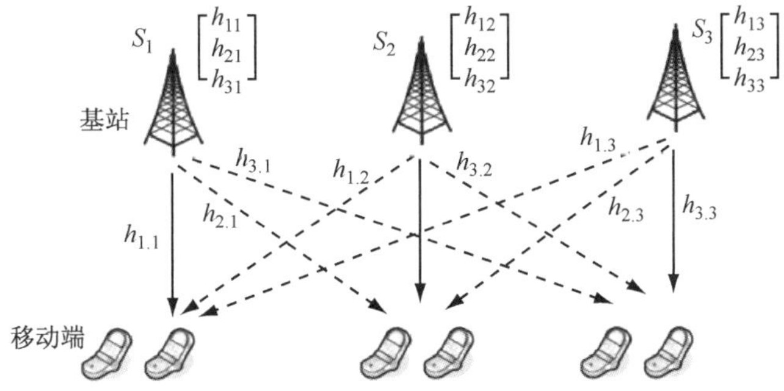

图 8-3　分布式处理信息交互方式

Fig. 8-3　Information exchange mode for distributed processing

分布式处理有多种设计准则：文献[120-123]分别研究了两种传输策略，一是小区基站通过预编码设计本小区发射信号与干扰信号正交[120]；另一种是基于信泄噪比的预编码，在基站端最大程度降低对邻近小区的干扰[121-123]。而文献[124]则对分布式方法与几种集中式预编码方法(包括联合波束成形、联合块对角化、集中式 SLNR)进行了分析和比较,给出了几种方法在小区边缘区域的溢出速率,指出在特定条件下分布式预编码算法的性能好于其余几种集中式方法。文献[125]研究了对这两种分布式策略的融合方法,提出了利用每种策略的优势,将两种方法混合的预编码设计。文献[126-128]则从新的设计角度出发提出了干扰代价(interference-price)的概念,即每个基站最大化各自的效用函数并减去干扰代价值,通过设计合理的干扰代价函数,能够使效用函数收敛于静态点[126]。文献[127]给出了多种干扰代价函数的变形和延伸算法。文献[128]能够实现多个用户同时更新的干扰代价算法。但是文献[126-128]的计算复杂度较高,收敛速率较慢。因此文献[129-131]提出了目标函数转换的分布式最大化和速率方法,将目标函数转换为等价的以最小均方误差为变量表示的函数,而文献[131]是文献[129-130]两种方法的扩展,能够最大化更普遍的效用函数,并且适用于 MIMO 干扰广播信道。文献[113]构造半正定规划(Semidefinite Programming, SDP)问题,在保证每用户天线 SINR 条件下,最小化和功率迭代求解分布式波束成形矩阵,但是当信道快速变化时,不能保证每次迭代求解的矩阵满足 SINR 约束;文献[132]解决了这个问题,能够在信道快时变时,能够在有限的信令支持下保证每次迭代的 SINR 约束。文献[133]利用对偶分解提出分布式迭代波束成形设计,并且当少量的信令信息为非实时的,仍然能保证每次迭代的正确性。文献[134]在每基站功率限制约束下最大化加权和速率,假设基站为多天线,移动台为单天线;文献[135]扩展了场景,假设移动台也为多天线,通过加入额外的优化变量构造新目标函数,利用二阶锥规划和矩阵部分最小化方法,通过分布式方法迭代优化预编码矩阵,并且保证迭代收敛。文献[136]构造了以本地 CSI 为参数的分布式加权和速率公式,使用零梯度算法求解,并能收敛到局部最优点。文献[137]建立了虚拟 SINR 与加权和速率之间的关系,自适应调整参数,加权系数和波束成形向量交替更新,并给出了利用本地 CSI 的分布实现算法。文献[138]通过最小化接收端加权 MMSE 达到最大化加权和速率的目标,功率约束包括了总功率和每基站功率限制约束两类,在本地 CSI 下计算了收发滤波器,计算量和资源反馈量远低于传统的梯度算法,同时加权和速率不变。

分布式传输多利用迭代算法和对偶方法求解,使用本地 CSI 进行设计或者交互少量信令信息,与 JT 方法和 CS/CB 方法相比较,显著降低了对系统资源的需求量、以及对信号同步和载波相关性的要求。

总结上述从(1)至(3)的研究路线:首先,假设理想信道信息、系统精确同步、理想链路回程等条件,将单小区多用户 MIMO 系统的方法扩展到多小区系统中,使用 JT 方法在虚拟 MIMO 系统中消除干扰;接着,降低小区信息交互量,研究有限协作模式下的预编码、波束成形、用户调度和功率分配方案;最后,基站进行分布式处理,将系统资源交互量降到最低,研究在一定条件下达到完全协作式预编码的性能。

在设计中,除考虑基站端不同的信息交互、信号处理方式之外,实际的通信系统中还存在以下问题:多小区基站与移动台通信时,不同基站信号到达移动台时存在干扰异步延时;CU 或者单小区基站获得的 CSI 具有估计误差;有限的链路回程容量;CSI 通过链路回程传输时的反馈误差和延时等。因此,基于非理想条件下的鲁棒性设计研究,对于干扰消除方法的实用化,具有基础作用。由于信道信息质量对预编码或者波束成形性能影响较大,因此鲁棒性设计常以信道信息误差模型为条件展开研究,而不同的误差模型会影响设计方法和目标。在多小区系统设计中，CSI 误差模型主要包括确定性误差有界模型和随机性误差服从统计分布模型，基于以上两种模型的鲁棒性预编码或者波束成形设计主要包括：

（1）确定性误差有界模型：是指 CSI 扰动误差是确定性的，其误差被限制在一个域中，例如在一个超球面范围内。此类模型常用于最差情况设计（Worst case design），来解决系统对最差情况的公平性和吞吐量问题。文献[139]在此模型基础上，将最大化最差情况加权和速率问题转化为凸问题，使用半正定规划方法求解，用以保证最差情况吞吐量最大化和公平性。文献[140]在单用户天线场景下，研究了鲁棒公平性优化算法，是最大化最差情况公平性的推广，是一种广义优化框架。事实上，此类模型作为鲁棒性设计的重要分支，已有基础性的研究，但是对于在复杂的环境场景下，针对加权和速率优化和吞吐量问题，能够提出系统性的解决方法，仍然是设计的难点。

（2）随机性误差服从统计分布模型：是指估计误差服从统计分布，一般使用高斯分布模拟信道估计误差，但是误差没有边界限制，使用统计误差模型可以保证干扰消除方法在统计平均意义下最优。文献[141]提出了迭代簇内干扰消除方法，迭代消除复制的干扰信号，通过计算机仿真构造了簇尺寸和迭代阶数，其可达频谱效率能够达到干扰全消除协作场景。文献[142]在多基站协作多用户单天线系统中，在非理想 CSI 和发射相关的条件下，通过每基站功率限制约束下最小化加权 MSE，以及保证每用户 MSE 条件下最小化总功率，分别采用二阶锥规划方法和拉格朗日对偶分解方法求解，经过迭代方法实现分布式算法。文献[143]在多小区用户单天线系统中，簇内小区基站在每基站功率限制约束下采用线性迫零波束成形矩阵，在大系统模型下进行了频谱利用率的渐近分析，并且将分析扩展到发射端非理想信道信息的情况，发现显著增加基站发射天线的数目，可以在存在信道估计误差时保持较好的系统性能。文献[144]基于两种场景，利用随机矩阵理论分析了在最优解码和线性 MMSE 接收机下，能够最大化总频谱效率的最优发射数据流值，证明了总频谱效率取决于信道信息的统计值，而不取决于瞬时值。文献[145]对几种线性预编码方法分别在联合处理和分布式两种模式下，进行了性能比较，结论为统计信道估计误差会显著降低 CoMP 传输的性能，而分布式传输受此影响较小。

由于上述两类方法的模型不同，其设计目标也存在差异：第一类模型中，设计目标侧重于在系统误差最差的情况下，在牺牲网络速率的条件下保证边缘用户的调度公平性和吞吐量；第二类模型中，设计目标侧重于系统性能在长期的统计平均意义下最优，允许某些用户在条件较差时不获得资源，保证网络总吞吐量的优势。

前文综述了国外研究现状，同时也给出了多小区干扰消除设计中的信号处理方式、设计准则、目标等各方向的分类。在此基础上，国内也开展了多小区干扰消除方法的研究，在国内外期刊上均有成果发表。早期的研究主要集中在理想信道信息条件下不同处理方法的设计，文献[146]基于最大化 SLNR 准则和基于匹配发送准则研究了分布式预编码方案，文献[147]利用博弈论的结论提出了最大化和速率的波束成形矢量。近年来，国内关于非理想信道信息的鲁棒性设计已展开研究，相关成果发表在近两年内的国际期刊上。北京交通大学 SHEN Chao 等[148]研究了在最差情况 SINR 约束下，最大化加权和功率，利用 ADMM（Alternating Direction Method of Multipliers）法解决分布式凸优化问题，可收敛于最优集中式处理的解。东南大学 HUANG Yongming 等[149]根据最大化最差情况速率公平性，使用集中式方法设计波束成形矩阵使速率达到 Pareto 边界，并在每小区基站功率约束下利用近似上下行链路的 SINR 对偶性实现分布式算法，此算法在有界误差模型中验证具有鲁棒性。北京大学 HAN

Shengqian 等[150]研究了非理想信道信息受乘性噪声干扰时，在每基站功率限制约束下建立最大化加权和速率与最小化均方误差之间的关系，提出鲁棒预编码矩阵。东南大学 DAI Binbin 等[151]同时考虑了反馈延时模型和 CSI 量化误差模型，基于此非理想信道信息模型最小化 MSE 期望值，设计了预编码矩阵，并给出最小 MSE 的闭式解。而从仿真角度出发，上海贝尔实验室 SUN Huan 等[152]基于改进型 SLNR 准则，设计了 CS/CB 的预编码算法，在非理想信道信息条件下进行系统级仿真。清华大学 GAO Yuan[153]对基于 JT 方法的 LTE-Advanced 进行了系统级仿真，根据 release 12 的非理想链路回程的要求，考虑了 X2 接口延时模型，给出了系统级仿真的结果。

8.2 基于预编码的基站协作干扰消除方法

8.2.1 基站完全协作方法

8.2.1.1 线性干扰消除算法

基站完全协作多小区 MIMO 系统通常看作 1 个虚拟的 MIMO 系统，在多小区 MIMO 网络中，线性的预编码算法复杂度较低，但是在性能增益方面不及非线性方法。结合具体的通信场景，设计发送端采用线性预编码和接收端采用滤波器联合处理的干扰抑制算法，是降低干扰的 1 种方法。文献[128]考虑 3 个基站协作的具体场景，基于收发端联合的思想，设计了 1 种线性的干扰抑制算法。其中，每个基站有 1 个发送天线，每个小区内有 1 个位于小区边缘的多天线用户，如图 8-2 所示。

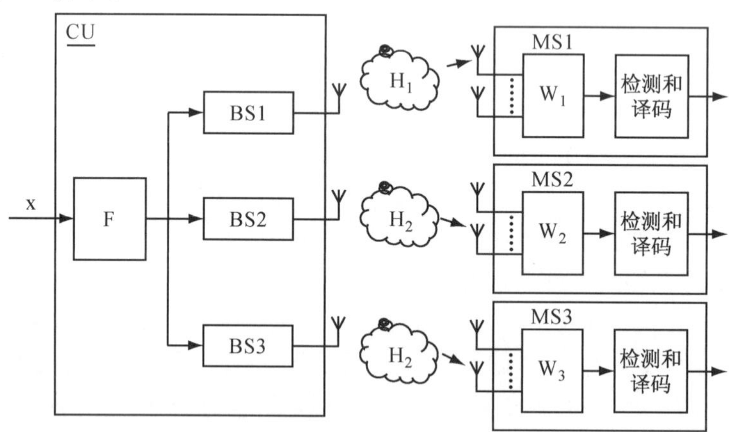

图 8-2 线性网络协作预编码方框图

Fig. 8-2 Block-digaram of cooperative precoding for linear network

根据文献[128]，假设每个用户有 N_r 个发送天线，在发送端采用波束成形，在接收端采用最大比合并滤波器，则第 k 个用户的接收信号为

$$\boldsymbol{y}_k = \underbrace{\boldsymbol{w}_k^* \boldsymbol{H}_k \boldsymbol{f}_k \sqrt{p_k} x_k}_{\text{期望信号}} + \underbrace{\boldsymbol{w}_k^* \boldsymbol{H}_k \sum_{l=1, l\neq k}^{3} \boldsymbol{f}_l \sqrt{p_l} x_l + \boldsymbol{w}_k^* \boldsymbol{n}_k}_{\text{干扰}} \tag{8-1}$$

其中，x_k 为第 k 个发送符号，$\boldsymbol{f}_k$ 和 $\boldsymbol{w}_k$ 分别为发送波束成形矢量和接收滤波矢量，$\boldsymbol{n}_k$ 为加性高斯白噪声，p 为信号发送功率且 $\sum_{k=1}^{3} p_k = P$，P 为基站端的总发射功率。基于迫零准则，要求 $\boldsymbol{w}_l^* \boldsymbol{H}_l \boldsymbol{f}_k = 0(\forall l \neq k, l=1,2,3)$。接收端采用最大比合并滤波器，即 $\boldsymbol{w}_k \dfrac{\boldsymbol{H}_k \boldsymbol{f}_k}{\| \boldsymbol{H}_k \boldsymbol{f}_k \|}$。定义 $\alpha_1 = \| \boldsymbol{H}_1 \boldsymbol{f}_1 \|$，$\alpha_2 = \| \boldsymbol{H}_2 \boldsymbol{f}_2 \|$，$\alpha_3 = \| \boldsymbol{H}_3 \boldsymbol{f}_3 \|$，$\boldsymbol{R}_k = \boldsymbol{H}_k^* \boldsymbol{H}_k$，则 $0 = \boldsymbol{w}_l^* \boldsymbol{H}_l \boldsymbol{f}_k = \alpha_l \boldsymbol{f}_l^* \boldsymbol{H}_l^* \boldsymbol{H}_l \boldsymbol{f}_k = \alpha_l \boldsymbol{f}_l^* \boldsymbol{R}_l \boldsymbol{f}_k (\forall l \neq k, l=1,2,3)$，即

$$
\begin{aligned}
\boldsymbol{w}_1^* \boldsymbol{H}_1 \boldsymbol{f}_2 &= \alpha_1 \boldsymbol{f}_1^* \boldsymbol{R}_1 \boldsymbol{f}_2 = 0 = \boldsymbol{w}_1^* \boldsymbol{H}_1 \boldsymbol{f}_3 = \alpha_1 \boldsymbol{f}_1^* \boldsymbol{R}_1 \boldsymbol{f}_3 \\
\boldsymbol{w}_2^* \boldsymbol{H}_2 \boldsymbol{f}_1 &= \alpha_2 \boldsymbol{f}_2^* \boldsymbol{R}_2 \boldsymbol{f}_1 = 0 = \boldsymbol{w}_2^* \boldsymbol{H}_2 \boldsymbol{f}_3 = \alpha_2 \boldsymbol{f}_2^* \boldsymbol{R}_2 \boldsymbol{f}_3 \\
\boldsymbol{w}_3^* \boldsymbol{H}_3 \boldsymbol{f}_2 &= \alpha_3 \boldsymbol{f}_3^* \boldsymbol{R}_3 \boldsymbol{f}_2 = 0 = \boldsymbol{w}_3^* \boldsymbol{H}_3 \boldsymbol{f}_1 = \alpha_3 \boldsymbol{f}_3^* \boldsymbol{R}_3 \boldsymbol{f}_1
\end{aligned} \tag{8-2}
$$

假设给用户 1 发送 x_1，给用户 2 和用户 3 都发送 x_c，在等功率分配条件下，各用户接收信号的表达式分别为

$$
\begin{aligned}
\boldsymbol{y}_1 &= \underbrace{\boldsymbol{w}_1^* \boldsymbol{H}_1 \boldsymbol{f}_1 x_1}_{\text{期望信号}} + \underbrace{\boldsymbol{w}_1^* \boldsymbol{H}_1 \boldsymbol{f}_2 x_c + \boldsymbol{w}_1^* \boldsymbol{H}_1 \boldsymbol{f}_3 x_c}_{\text{干扰}} + \boldsymbol{w}_1^* \boldsymbol{n}_1 \\
\boldsymbol{y}_2 &= \underbrace{\boldsymbol{w}_2^* \boldsymbol{H}_2 \boldsymbol{f}_2 x_c + \boldsymbol{w}_2^* \boldsymbol{H}_2 \boldsymbol{f}_3 x_c}_{\text{期望信号}} + \underbrace{\boldsymbol{w}_2^* \boldsymbol{H}_2 \boldsymbol{f}_1 x_1}_{\text{干扰}} + \boldsymbol{w}_2^* \boldsymbol{n}_2 \\
\boldsymbol{y}_3 &= \underbrace{\boldsymbol{w}_3^* \boldsymbol{H}_3 \boldsymbol{f}_3 x_c + \boldsymbol{w}_3^* \boldsymbol{H}_3 \boldsymbol{f}_2 x_c}_{\text{期望信号}} + \underbrace{\boldsymbol{w}_3^* \boldsymbol{H}_3 \boldsymbol{f}_1 x_1}_{\text{干扰}} + \boldsymbol{w}_3^* \boldsymbol{n}_3
\end{aligned} \tag{8-3}
$$

把(8-2)式代入(8-3)式，获得

$$
\begin{aligned}
\boldsymbol{y}_1 &= \underbrace{\alpha_1 \boldsymbol{f}_1^* \boldsymbol{R}_1 \boldsymbol{f}_1 x_1}_{\text{期望信号}} + \underbrace{\alpha_1 \boldsymbol{f}_1^* \boldsymbol{R}_1 \boldsymbol{f}_2 x_c + \alpha_1 \boldsymbol{f}_1^* \boldsymbol{R}_1 \boldsymbol{f}_3 x_c}_{\text{干扰}} + \boldsymbol{w}_1^* \boldsymbol{n}_1 \\
\boldsymbol{y}_2 &= \underbrace{\alpha_2 \boldsymbol{f}_2^* \boldsymbol{R}_2 \boldsymbol{f}_2 x_c + \alpha_2 \boldsymbol{f}_2^* \boldsymbol{R}_2 \boldsymbol{f}_3 x_c}_{\text{期望信号}} + \underbrace{\alpha_2 \boldsymbol{f}_2^* \boldsymbol{R}_2 \boldsymbol{f}_1 x_1}_{\text{干扰}} + \boldsymbol{w}_2^* \boldsymbol{n}_2 \\
\boldsymbol{y}_3 &= \underbrace{\alpha_3 \boldsymbol{f}_3^* \boldsymbol{R}_3 \boldsymbol{f}_3 x_c + \alpha_3 \boldsymbol{f}_3^* \boldsymbol{R}_3 \boldsymbol{f}_2 x_c}_{\text{期望信号}} + \underbrace{\alpha_3 \boldsymbol{f}_3^* \boldsymbol{R}_3 \boldsymbol{f}_1 x_1}_{\text{干扰}} + \boldsymbol{w}_3^* \boldsymbol{n}_3
\end{aligned} \tag{8-4}
$$

基于迫零准则，要求 $\boldsymbol{f}_1 \in (\boldsymbol{R}_2 \boldsymbol{f}_2)^{\perp} \cap (\boldsymbol{R}_3 \boldsymbol{f}_3)^{\perp}$。用 $\boldsymbol{H}_1$ 最大的特征值对应的右特征向量作为用户 1 的波束成形矢量，则最后可以获得波束成形向量为

$$
\boldsymbol{f}_1 = \boldsymbol{v}_1^{(1)}, \quad \boldsymbol{f}_2 = \overline{\boldsymbol{R}_1 \boldsymbol{f}_1} \times \boldsymbol{R}_2 \boldsymbol{f}_1, \quad \boldsymbol{f}_3 = \overline{\boldsymbol{R}_1 \boldsymbol{f}_1} \times \boldsymbol{R}_3 \boldsymbol{f}_1 \tag{8-5}
$$

需要指出的是，该方法可扩展到用户 1 有更多用户干扰的场景，即 $\boldsymbol{f}_k = \overline{\boldsymbol{R}_1 \boldsymbol{f}_1} \times \boldsymbol{R}_k \boldsymbol{f}_1$。同理，该方法也可推广到该系统内用户间均相互干扰的场景，即要求 $\boldsymbol{f}_i \in \bigcap_{j \neq i} (\boldsymbol{R}_j \boldsymbol{f}_j)^{\perp} (i,j=1,2,3)$。

8.2.1.2　块对角化预编码多小区干扰消除

在多小区 MIMO 网络中，线性干扰消除算法往往与不同的优化目标相结合，实现干扰消除的目的[113]。在下行多用户 MIMO 系统中，块对角化是一种实用的消除用户间干扰的线性预编码技术。在 CSI 完全已知的条件下，结合具体优化问题，把 BD 预编码应用到基站完全协作的多小区 MIMO 系统中，能够有效的消除系统内的用户间干扰[106,129]。以文献[106]为例，简单介绍多小区 MIMO 网络中每个存在基站功率限制的 BD 方法。

假设多小区系统包括 A 个小区，每个小区有一个 M_a 个发送天线的基站与 K_a 个用户进

行通信。系统内总的发送天线数目和用户数目分别为 $M=\sum_{a=1}^{A}M_a, K=\sum_{a=1}^{A}K_a$，其中每个用户有 N 个接收天线。第 k 个用户的接收信号可表示为

$$\boldsymbol{y}_k=\boldsymbol{H}_k\boldsymbol{x}_k+\sum_{j\neq k}\boldsymbol{H}_k\boldsymbol{x}_j+\boldsymbol{z}_k,\quad k=1,\cdots,K \tag{8-6}$$

其中，$\boldsymbol{y}_k\in\mathbb{C}^{N\times 1}$，$\boldsymbol{x}_k\in\mathbb{C}^{M\times 1}$，$\boldsymbol{H}_k\in\mathbb{C}^{N\times M}$，$\boldsymbol{z}_k\in\mathbb{C}^{N\times 1}$分别表示第 k 个用户的接收信号、发送信号、信道矩阵和接收噪声。假设 D_k 表示发送数据流的数目($D_k\leqslant\min(M,N)$，$\forall k$)，$\boldsymbol{T}_k\in\mathbb{C}^{M\times D_k}$表示对第 k 个用户的预编码矩阵，则 $\boldsymbol{x}_k=\boldsymbol{T}_k\boldsymbol{s}_k$，$k=1,\cdots,K$，$\boldsymbol{s}_k$ 为第 k 个用户的信息源，并且假设为 $\boldsymbol{s}_k\sim N_c(0,\boldsymbol{I})$，则第 k 个用户的发送信号方差矩阵为 $\boldsymbol{S}_k=E[\boldsymbol{x}_k\boldsymbol{x}_k^{\mathrm{H}}]=\boldsymbol{T}_k\boldsymbol{T}_k^{\mathrm{H}}$($\boldsymbol{S}_k\in\mathbb{C}^{M\times M}$)。基于迫零准则，消除式(8-6)中的用户间干扰，要求 $\boldsymbol{H}_k\boldsymbol{x}_j=0$ 或 $\boldsymbol{H}_k\boldsymbol{T}_i=0$，$\forall j\neq k$。等价的表达式为 $\boldsymbol{H}_j\boldsymbol{S}_k\boldsymbol{H}_j^{\mathrm{H}}=0$，$\forall j\neq k$。

在协作的多小区系统中，结合 BD 预编码，考虑有每个基站功率限制条件下的加权总速率最大化问题。问题描述如下

$$\begin{aligned}\max_{\boldsymbol{S}_1,\cdots,\boldsymbol{S}_K}\quad & \sum_{k=1}^{K}\boldsymbol{w}_k\log|\boldsymbol{I}+\boldsymbol{H}_k\boldsymbol{S}_k\boldsymbol{H}_k^{\mathrm{H}}|\\ \text{s.t.}\quad & \boldsymbol{H}_j\boldsymbol{S}_k\boldsymbol{H}_j^{\mathrm{H}}=0,\quad\forall j\neq k\\ & \sum_{k=1}^{K}\operatorname{tr}(\boldsymbol{B}_a\boldsymbol{S}_k)\leqslant P,\quad\forall a\\ & \boldsymbol{S}_k\succeq\boldsymbol{0},\quad\forall k\end{aligned} \tag{8-7}$$

其中，$\boldsymbol{B}_a\triangleq\operatorname{diag}(\underbrace{0,\cdots,0}_{(a-1)M_B},\underbrace{1,\cdots,1}_{M_B},\underbrace{0,\cdots,0}_{(A-a)M_B})$，$P$ 表示每个基站的功率约束并且所有基站相等，$\boldsymbol{w}_k$ 是第 k 个用户的速率加权系数。

采用 BD 预编码，令 $\boldsymbol{G}_k=[\boldsymbol{H}_1^{\mathrm{T}},\cdots,\boldsymbol{H}_{k-1}^{\mathrm{T}},\boldsymbol{H}_{k+1}^{\mathrm{T}},\cdots,\boldsymbol{H}_K^{\mathrm{T}}]^{\mathrm{T}}$，$k=1,\cdots,K$，$\boldsymbol{G}_k\in\mathbb{C}^{L\times M}$ ($L=N(K-1)$)。对 $\boldsymbol{G}_k$ 进行 SVD 分解得 $\boldsymbol{G}_k=\boldsymbol{U}_k\boldsymbol{\Sigma}_k\boldsymbol{V}_k^{\mathrm{H}}$。其中，$\boldsymbol{U}_k\in\mathbb{C}^{L\times L}$，$\boldsymbol{U}_k\boldsymbol{U}_k^{\mathrm{H}}=\boldsymbol{U}_k^{\mathrm{H}}\boldsymbol{U}_k=\boldsymbol{I}$；$\boldsymbol{V}_k\in\mathbb{C}^{M\times L}$，$\boldsymbol{V}_k^{\mathrm{H}}\boldsymbol{V}_k=\boldsymbol{I}$；$\boldsymbol{\Sigma}_k$ 是 $L\times L$ 的正定对角矩阵。定义投影矩阵 $\boldsymbol{P}_k=\boldsymbol{I}-\boldsymbol{V}_k\boldsymbol{V}_k^{\mathrm{H}}=\widetilde{\boldsymbol{V}}_k\widetilde{\boldsymbol{V}}_k^{\mathrm{H}}$，其中 $\widetilde{\boldsymbol{V}}_k\in\mathbb{C}^{M\times(M-L)}$满足 $\boldsymbol{V}_k^{\mathrm{H}}\widetilde{\boldsymbol{V}}_k=0$ 且 $\widetilde{\boldsymbol{V}}_k^{\mathrm{H}}\widetilde{\boldsymbol{V}}_k=I$。$[\boldsymbol{V}_k,\widetilde{\boldsymbol{V}}_k]$组成一个 $M\times M$ 的酉矩阵。由于 $\boldsymbol{S}_k$ 满足(8-7)的限制条件，其最优解可表示为 $\boldsymbol{S}_k=\widetilde{\boldsymbol{V}}_k\boldsymbol{Q}_k\widetilde{\boldsymbol{V}}_k^{\mathrm{H}}$，$k=1,\cdots,K$，其中 $\boldsymbol{Q}_k\in\mathbb{C}^{(M-L)\times(M-L)}$ 且 $\boldsymbol{Q}_k\succeq\boldsymbol{0}$。

于是(8-2)式等价于下面的问题

$$\begin{aligned}\max_{\boldsymbol{Q}_1,\cdots,\boldsymbol{Q}_K}\quad & \sum_{k=1}^{K}\boldsymbol{w}_k\log|\boldsymbol{I}+\boldsymbol{H}_k\widetilde{\boldsymbol{V}}_k\boldsymbol{Q}_k\widetilde{\boldsymbol{V}}_k^{\mathrm{H}}\boldsymbol{H}_k^{\mathrm{H}}|\\ \text{s.t.}\quad & \sum_{k=1}^{K}\operatorname{tr}(\boldsymbol{B}_a\widetilde{\boldsymbol{V}}_k\boldsymbol{Q}_k\widetilde{\boldsymbol{V}}_k^{\mathrm{H}})\leqslant P,\quad\forall a\\ & \boldsymbol{Q}_k\succeq\boldsymbol{0},\quad\forall k\end{aligned} \tag{8-8}$$

这里式(8-8)是凸优化问题，可通过拉格朗日对偶方法求解。

8.2.2 预编码算法的分布式实现

在 TDD 系统中，由于上下行信道存在互易性，利用上下行对偶性设计预编码算法已成为一种重要的手段[156-158]。而在多小区多天线的下行系统中，多个基站相互协作，采用联合预编

码方法能有效的降低小区间干扰，提高系统性能。因此，把上下行对偶方法应用到多小区多用户的场景，根据小区间信道的特性设计下行预编码算法得到了广泛的研究。文献[159]利用基站间的置信传播和互信息，提出了一种分布式的多小区下行预编码方法，该方法不需要中央处理器。在多小区下行链路中，基于不同优化问题的预编码问题可以通过设计对偶的上行问题求解，实现分布式处理，文献[160]基于线性处理方法确立了网络的对偶性，提出了解决协作预编码问题的不同方法。但是，这些方法很难获得分布式的解法，只能求助于一些次优的算法。文献[113]以 SINR 限制条件下最小化总的加权发送功率作为优化目标，采用拉格朗日对偶算法，把 TDD 方式下的多小区下行预编码问题转化成上行预编码问题，实现分布式求解。假设多小区多用户的系统包括 N 个小区，其中每个小区有 K 个单天线的用户，其中每个基站有 N_t 个发送天线。则第 i 个小区内第 j 个用户的接收信号 $\boldsymbol{y}_{i,j}$ 可表示为

$$\boldsymbol{y}_{i,j}=\sum_{l}\boldsymbol{h}_{i,i,j}^{\mathrm{H}}\boldsymbol{w}_{i,l}\boldsymbol{x}_{i,l}+\sum_{m\neq i,n}\boldsymbol{h}_{m,i,j}^{\mathrm{H}}\boldsymbol{w}_{m,n}\boldsymbol{x}_{m,n}+\boldsymbol{z}_{i,j} \tag{8-9}$$

其中，$\boldsymbol{x}_{i,j}$ 表示第 i 个小区内第 j 个用户的期望信号，$\boldsymbol{w}_{i,j}$ 表示相应的波束成形矢量，$\boldsymbol{h}_{l,i,j}$ 表示第 l 个小区的基站到第 i 个小区内第 j 个用户的信道矢量，$\boldsymbol{z}$ 为加性高斯白噪声，其元素服从 $N_c(0,\sigma^2)$ 分布。

由式(8-9)可知，第 i 个小区内第 j 个用户的 SINR 表达式为

$$\boldsymbol{\Gamma}_{i,j}=\frac{|\boldsymbol{w}_{i,j}^{\mathrm{H}}\boldsymbol{h}_{i,i,j}|^2}{\sum_{l\neq j}|\boldsymbol{w}_{i,l}^{\mathrm{H}}\boldsymbol{h}_{i,i,j}|^2+\sum_{m\neq i,n}|\boldsymbol{w}_{m,n}^{\mathrm{H}}\boldsymbol{h}_{m,i,j}|^2+\sigma^2} \tag{8-10}$$

在多小区多用户网络的下行通信系统中，构造 SINR 限制条件下的最小化加权总功率问题为

$$\begin{aligned}&\min\quad \sum_{i,j}\alpha_i\boldsymbol{w}_{i,j}^{\mathrm{H}}\boldsymbol{w}_{i,j}\\&\text{s. t.}\quad \boldsymbol{\Gamma}_{i,j}\geqslant\gamma_{i,j},\quad \forall i=1\cdots N,j=1\cdots K\end{aligned} \tag{8-11}$$

根据式(8-11)，构造拉格朗日函数

$$L(\boldsymbol{w}_{i,j},\lambda_{i,j})=\sum_{i,j}\alpha_i\boldsymbol{w}_{i,j}^{\mathrm{H}}\boldsymbol{w}_{i,j}-\sum_{i,j}\lambda_{i,j}\left[\frac{|\boldsymbol{w}_{i,j}^{\mathrm{H}}\boldsymbol{h}_{i,i,j}|^2}{\gamma_{i,j}}-\sum_{l\neq j}|\boldsymbol{w}_{i,l}^{\mathrm{H}}\boldsymbol{h}_{i,i,j}|^2-\sum_{m\neq i,n}|\boldsymbol{w}_{m,n}^{\mathrm{H}}\boldsymbol{h}_{m,i,j}|^2-\sigma^2\right] \tag{8-12}$$

整理得

$$\begin{aligned}L(\boldsymbol{w}_{i,j},\lambda_{i,j})&=\sum_{i,j}\lambda_{i,j}\sigma^2-\sum_{i,j}\boldsymbol{w}_{i,j}^{\mathrm{H}}\left[\alpha_i\boldsymbol{I}-\left(1+\frac{1}{\gamma_{i,j}}\right)\lambda_{i,j}\boldsymbol{h}_{i,i,j}\boldsymbol{h}_{i,i,j}^{\mathrm{H}}+\sum_{m,n}\lambda_{i,j}\boldsymbol{h}_{i,m,n}\boldsymbol{h}_{i,m,n}^{\mathrm{H}}\right]\boldsymbol{w}_{i,j}\\g(\lambda_{i,j})&=\min_{\boldsymbol{w}_{i,j}}L(\boldsymbol{w}_{i,j},\lambda_{i,j})\end{aligned} \tag{8-13}$$

$g(\cdot)$ 为对偶目标函数。观察式(8-13)，如果大括号[]内的矩阵是非正定的，则存在集合 $\boldsymbol{w}_{i,j}$，使得 $g(\lambda_{i,j})=-\infty$。因此，对偶问题表示为

$$\begin{aligned}&\max\quad \sum_{i,j}\lambda_{i,j}\sigma^2\\&\text{s. t.}\quad \boldsymbol{\Sigma}_i\succ=\left(1+\frac{1}{\gamma_{i,j}}\right)\lambda_{i,j}\boldsymbol{h}_{i,i,j}\boldsymbol{h}_{i,i,j}^{\mathrm{H}}\\&\qquad\quad \boldsymbol{\Sigma}_i\triangleq\alpha_i\boldsymbol{I}+\sum_{m,n}\lambda_{i,j}\boldsymbol{h}_{i,m,n}\boldsymbol{h}_{i,m,n}^{\mathrm{H}}\end{aligned} \tag{8-14}$$

上行的优化问题可等价为

$$\begin{aligned}
&\max_{Q_i} \quad \min_{\lambda_{i,j}} \quad \sum_{i,j}\lambda_{i,j}\sigma^2 \\
&\text{s.t.} \quad \Lambda_{i,j} \geqslant \gamma_{i,j} \\
&\qquad \Lambda_{i,j} = \max_{\hat{w}_{i,j}} \frac{\lambda_{i,j}\,|\,\hat{\boldsymbol{w}}_{i,j}^{\mathrm{H}}\boldsymbol{h}_{i,i,j}\,|^2}{\sum\limits_{(m,l)\neq(i,j)} \lambda_{m,n}\,|\,\hat{\boldsymbol{w}}_{i,j}^{\mathrm{H}}\boldsymbol{h}_{i,m,l}\,|^2 + \hat{\boldsymbol{w}}_{i,j}^{\mathrm{H}}\boldsymbol{Q}_i\hat{\boldsymbol{w}}_{i,j}} \\
&\qquad \mathrm{tr}(\boldsymbol{Q}_i) \leqslant N_t \quad \boldsymbol{Q}_i >= \boldsymbol{0}
\end{aligned} \tag{8-15}$$

其中，$\hat{\boldsymbol{w}}_{i,j}$是在上行问题中基于 MMSE 选择接收波束成形矢量，$\boldsymbol{Q}_i$ 为上行链路噪声协方差矩阵。针对上行优化问题式(8-15)需要求解两组参数：① 最优的；② 相应的波束成形矢量 $\hat{\boldsymbol{w}}_{i,j}$，并且上下行波束成形矢量存在比例关系 $\boldsymbol{w}_{i,j}=\sqrt{\delta_{i,j}}\hat{\boldsymbol{w}}_{i,j}$。根据拉格朗日对偶方法求解式(8-15)，得

$$\lambda_{i,j} = \frac{1}{\left(1+\dfrac{1}{\gamma_{i,j}}\right)\boldsymbol{h}_{i,i,j}^{\mathrm{H}}\boldsymbol{\Sigma}_i^{-1}\boldsymbol{h}_{i,i,j}} \tag{8-16}$$

$$\hat{\boldsymbol{w}}_{i,j} = \Big(\sum_{m,l}\lambda_{m,l}\sigma^2\boldsymbol{h}_{i,m,l}\boldsymbol{h}_{i,m,l}^{\mathrm{H}} + \sigma^2\alpha_i\boldsymbol{I}\Big)^{-1}\boldsymbol{h}_{i,i,j} \tag{8-17}$$

可见，$\lambda_{i,j}$，$\hat{\boldsymbol{w}}_{i,j}$仅与所属基站有关，可采用分布式处理方法；$\delta_{i,j}$包含其他小区的信息，但是可等价于下行功率控制问题，能采用各用户功率更新算法实现分布式处理[161-162]。这样，在理论上，多小区网络中的下行波束成形算法可以通过分布式处理来实现。

8.2.3 基站分簇协作方法

在实际系统中，多小区网络结构的复杂性和同步的要求限制了协作基站的数目，因此提出了部分基站协作的分簇方式降低小区间干扰[163-164]。文献[165]针对上行链路，提出了一种重叠的协作分簇结构，其中每个基站均位于特定的簇中心，通过协作合并方式抑制对每个簇内中心基站的干扰。这样的簇结构有效降低了小区间干扰，但是簇的总数与基站个数相同，很难扩展到下行链路。文献[166]研究了下行协作中 3 个小区组成 1 个簇的 ZF 和 DPC 方法，但是没有考虑簇间协作问题。文献[167]把由很多小区组成的网络分成几个互不相交的簇，其中每个簇由 1 组相邻的小区组成，如图 8-3 所示。

同一簇内的基站相互协作有效的增加了空间自由度，采用信号预处理方法，降低簇内干扰和簇间干扰。文献[167]基于基站分簇协作模型把簇内用户根据用户所处的位置分为内部用户和边缘用户，采用 BD 方法，分别利用簇内基站协作方式和簇间协作方式，消除簇内干扰和簇间干扰。图 8-4 是多小区网络中，由 3 个小区组成 1 个簇的簇间协作的方框图。

在分簇模式下，簇的范围越大，小区间干扰越低，性能越好；但是，同时 CSI 反馈量也随簇的大小成比例增长。因此，需要在簇的大小和反馈量之间取得折中。采用有效的小区分簇算法实现如下目的：① 使得处理开销如预编码矩阵的计算易于管理；② 根据不同的场景调整簇的结构，如用户位置的变化[168]。文献[169]提出了一种自适应的小区簇算法，旨在最大化用户的总速率，其中包括两个效用值，一个是可达速率的平均增量，另一个是总的簇间干扰。文献[170]从信息论容量的角度，研究基于维纳模型的分簇协作算法，并推导了可达速率的上界和下界。文献[171]结合用户公平调度方法和路径损失模型，进一步讨论了多小区分簇协作处理对信息论容量的影响。分簇协作降低了编解码需要的信息，但导致对簇边缘用户不公平，采用某些调度准则能降低这种不公平性的影响[172]。

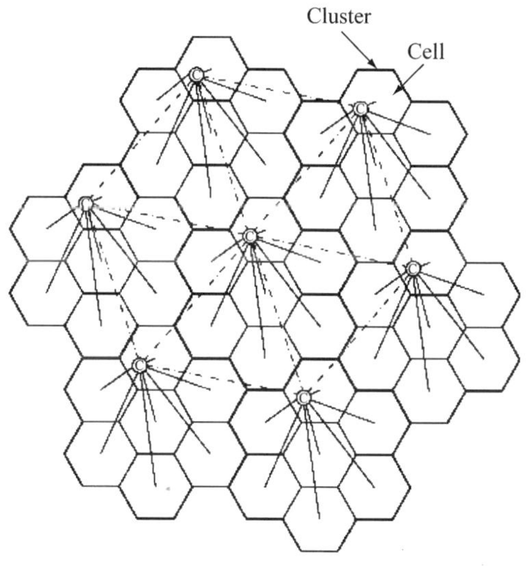

图 8-3　分簇网络

Fig. 8-3　Clusterde network

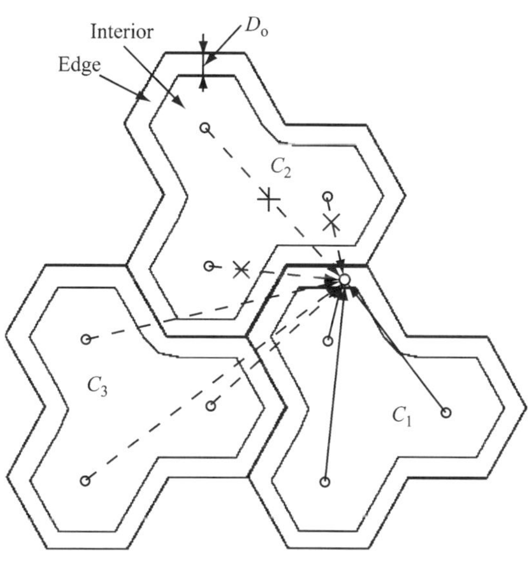

图 8-4　簇间协作

Fig. 8-4　Cooperation of inter-cluster

8.3　本章小结

本章主要介绍了 MIMO 系统中基于预编码方法的干扰消除技术，根据信道信息和用户数据在多小区基站之间的交互情况，将系统结构分为了三类，同时也对非理想信道信息下鲁棒设计目标进行了分类，并论述了国内的研究现状。对常用的基于基站协作的多小区 MIMO 系统和干扰消除算法数学模型进行了介绍，进而概括和总结了分簇协作的多小区 MIMO 网络的干扰消除算法。

第 9 章　结束语

9.1　研究成果总结

由于 MIMO 系统通信能够提供较高的系统容量和可靠的系统传输，成为近年来的研究热点。在 MIMO 系统中使用预编码技术，可以在基站端消除共信道干扰，改善信息传输的可靠性。根据基站端是否已知确切的信道状态信息，预编码可以分别在理想信道状态信息条件下和非理想信道状态信息条件下设计。因此，本书基于这两大类条件，提出了不同的新的预编码算法。其中，基于理想信道状态信息条件的研究成果如下：

(1) 将信道矩阵作为格的产生矩阵，通过格基规约变换可以改变其正交特性，从而改善预编码过程中的噪声增强程度。因此将格基规约思想应用到预编码矩阵设计是提高分集增益的有效手段，本书描述了基于格基规约的基本预编码模型和基于 QR 分解的预编码模型，并且分析了三种不同格基规约算法的性能，包括 LLL 算法、深度搜索 LLL 算法和 Seysen 算法。将这三种算法应用到不同的预编码结构中，分别进行了理论分析和仿真分析，给出了理论分析曲线和性能仿真曲线，从而提出了不同格基规约算法各自适应的环境。

(2) 基于格基规约算法的矢量预编码可以获得较大的分集阶数，但是较球形译码算法仍然存在一定的性能损失，这是因为格基规约算法中的近似过程存在量化误差。在已有的全误差量化校正方法的基础上，本书提出了一种可调量化误差校正方法，它根据实际量化误差数目的概率分布规律，确定合适的校正矩阵，在不损失性能的前提下降低冗余的计算量。在天线数目较小时，只需要最小量化误差校正矩阵，就可以取得较好的误码率性能；当天线数目较多时，通过仿真确定合适的调节值，能够大大降低量化误差校正的运算量，而且能够接近球形译码算法的性能。

(3) GMD 方法可以将 MIMO 信道矩阵分解为具有等对角元素值的三角信道，所有对角元素值均等于信道矩阵特征值的几何均值，使得子信道获得等增益。在将几何均值分解和矢量预编码结合的基础上，提出进一步扩大扰动矢量的取值范围，将其分为两种情况，一是扰动矢量包括连续值，二是扰动矢量包括连续值和离散值之和。在这两种情况下，推导出最优的扰动矢量解，并给出了最小均方误差表达式。仿真表明，第一种情况分集阶数较小；第二种情况能够提供较大的分集阶数，在用户数目较多时有比较大的性能改善。同时，为了将几何均值矢量预编码扩展到多用户场景，提出了块对角化方法将多用户信道分解为等价单用户信道，然后使用单用户算法进行预编码，文中提出的算法误码率性能优于传统的块对角化算法以及其扩展算法，是一种适用于多用户多天线下行链路系统的有效算法。

基于非理想信道状态信息的研究成果如下：

(1) 将非理想信道状态信息建模为信道估计值和信道误差值的和，其中信道误差建模为均值为零、方差为 σ_{ε}^{2} 的复高斯随机变量，提出了鲁棒的矢量预编码方法。通过最小化收发信号的 MSE，利用信道误差的二阶统计量，求解最优的预编码矩阵和扰动矢量。提出的方法比传统的矢量预编码具有鲁棒性，并且性能优于鲁棒的线性预编码和 THP 预编码。

(2) 研究了更为复杂的非理想信道状态信息模型下的非线性 THP 预编码设计。在非理想信道状态信息模型中，考虑了发射相关矩阵和接收相关矩阵，使得信道模型包含了收发相关信息，因此，这个模型适用于点对点式 MIMO 系统。本书给出了在此模型下的 MSE 矩阵，利用算术几何均值不等式，首先求解 MSE 的下界值，在三种不同的相关信息条件下，分别推导了 MSE 的下界值，然后通过求解具有自由度的矩阵，使得 MSE 的下界值成立，从而求解出最优的预编码矩阵，进而得到最优的收发矩阵。仿真表明，文中提出的方法性能既优于非鲁棒设计的 THP 预编码，也优于鲁棒设计的线性预编码。

最后，适应近年来预编码的发展方向，文中也介绍了 MIMO 系统中基于预编码方法的干扰消除技术，根据信道信息和用户数据在多小区基站之间的交互情况，将系统结构分为了三类。对常用的基于基站协作的多小区 MIMO 系统和干扰消除算法数学模型进行了介绍，进而概括和总结了分簇协作的多小区 MIMO 网络的干扰消除算法。

9.2 研究方向与展望

预编码技术的研究是发展新一代无线通信所面临的一项长期任务，虽然本书的研究工作结束了，但是关于下一代无线通信系统中预编码技术的研究还远远没有结束。根据前述的研究内容，可以考虑进一步进行以下的研究工作：

(1) 进一步研究复杂非理想信道信息条件下的预编码设计，本书第 7 章研究的 THP 是针对点对点式 MIMO 系统的，而实际中更常见的是点对多点的 MIMO 系统，因此可以考虑使用块对角化的方法[147-148]，将不同用户进行区分，使得本书的方法可以进一步扩展，可以应用在点对多点的 MIMO 系统中。

(2) 在实际应用中，需要充分考虑通信环境和通信设备对系统性能的影响，基站很难获得完全的信道状态信息对信号进行预处理，为此研究有限反馈条件下的预编码算法具有现实的指导意义。另外，存在通信和反馈过程中存在延时、信道估计误差和量化误差等问题。目前，对非理想信道信息的研究正在进行，如何建立合理的信道模型并设计低复杂度的、鲁棒的干扰消除算法都是亟待解决的问题。

(3) 将 MIMO 系统预编码技术应用在多小区干扰消除方向，通过多个基站间的信息和数据交互，将多个基站视为等效的 MIMO 发射系统，即虚拟 MIMO 系统，使用预编码方法消除小区间干扰，是 LTE-A 系统考虑的小区干扰消除的主要方法之一[175-181]。大量的文献研究工作为多小区干扰消除问题奠定了理论基础，以满足下一代无线通信对传输速率和频谱效率的要求。基于基站不同的协作方式，设计具有低复杂度的、满足不同优化目标的干扰消除方法仍然是一个需要解决的问题。

(4) 通过对国内外研究现状的分析和综述，我们发现分布式处理、鲁棒性设计是使多小区干扰消除方法实用化的基础问题，也是将其平滑过渡到全 IP 网络的重要路径之一，而目前的研究面非常广泛，研究结果也较为分散，虽然获得了一些优秀的、基础性理论研究成果，但是缺乏在复杂场景下、较为系统性的解决方案。因此，未来研究希望基于多小区多用户的复杂场景，从两类典型的信道误差信息模型入手，分别从系统吞吐量、统计平均意义最优两个方向出发，设计两类典型误差模型下的分布式鲁棒干扰消除方法，寻求设计方法的规律性和一致性，使其在各自的模型下具有系统性和普遍适用性，从而适应多种通信环境的变化。同时，通过使用新型信号处理方法对系统性能进行提升，为多小区干扰消除方法的研究提供新的研究思路，开拓新的研究内容。

参考文献

[1] 谢鹏. MIMO-OFDM 无线通信传输与检测技术研究[D]. 北京:北京邮电大学,2010.

[2] 李林. 第三代移动通信系统系统研究[D]. 南京:南京邮电大学,2006.

[3] 沈嘉,索士强,全海洋,等. 3GPP 长期演进(LTE)技术原理与系统设计[M]. 北京:人民邮电出版社,2008.

[4] Telatar E. Capacity of multi-antenna Gaussian channels [J]. European Transactions on Telecommunication, 1999, 10(6):585-595.

[5] Tarokh V, Seshadri N, Calderbank A R. Space-time codes for high data rate wireless communication: Performance criterion and code construction [J]. IEEE Transactions on Information Theory, 1998, 44(3):744-765.

[6] Wolniansky P W, Foschini G J, Golden G D, et al. V-BLAST: an architecture for realizing very high data rates over the rich-scattering wireless channel [C]. URSI International Symposium, Pisa, Italy, 1998: 295-300.

[7] Spencer Q H, Swindlehurst A L. An introduction to the multi-user MIMO downlink [J]. IEEE Communications Magazine, 2004, 42(10):60-67.

[8] Kermoal J P. Measurement, modeling and performance evaluation of the MIMO radio channel [D]. Denmark, Aalborg, 2002.

[9] Stucki A. PropSound system specifications document: Concept and Specifications [R]. Switzerland: Elektrobit AG, 2001.

[10] Zhang J H, Gao X Y, Zhang P, et al. Propagation characterstics of wideband MIMO channel in hotspot areas at 5.25 GHz [C]. 2007 IEEE 18th International Symposium on Personal, Indoor, Mobile and Radio Communications, Athens, Greece, 2007:1-5.

[11] Kermoal J P, Schumacher L, Pedersen KI, et al. A stochastic MIMO radio channel model with experimental validation[J]. IEEE Journal on Selected Areas in Communications, 2002, 20(6): 1211-1226.

[12] Ertel R B, Cardieri P, Rappaport TS. Overview of spatial channel models for antenna array communication systems[J]. IEEE Personal Communications, 1998, 5(1):10-22.

[13] Goldsmith A, Jafar S A, Jindal N, et al. Capacity limits of MIMO channels [J]. IEEE Journal on Selected Areas in Communications, 2003, 21(5):684-702.

[14] Foschini G J. Layered space-time architecture for wireless communication in a fading environment when using multi-element antennas [J]. Bell Labs Technical Journal, 1996, 1(2):41-59.

[15] Naguib A F, Tarokh V, Seshadri N, et al. A space-time coding modem for high-data-rate wireless communication [J]. IEEE Journal on Select Areas in Communications, 1998, 16(8): 1459-1478.

[16] Tarokh V, Naguib A, Seshadri N, et al. Space-time codes for high data rate wireless communication: performance criteria in the presence of channel estimation errors, mobility, and multiple paths [J]. IEEE Transactions on Communications, 1999, 47(2): 199-207.

[17] Siavash M. Alamouti. A simple transmit diversity technique for wireless communications [J]. IEEE Journal on Select Areas in Communications, 1998, 16(8): 1451-1458.

[18] Hochwald B M, Sweldens W. Differential unitary space-time modulation [J]. IEEE Transactions on Information Theory, 2000, 48(12): 2041-2052.

[19] Li H B. Differential space-time coding based on generalized multi-channel amplitude and phase modulation [C]. The 2004 IEEE International Conference on Acoustics, Speech, and Signal Processing, Quebec, Cannada, 2004, Ⅱ: 17-20.

[20] Costa M. Writing on dirty paper [J]. IEEE Transactions on Information Theory, 1983, 29(3): 439-441.

[21] Peel C B, Hochwald B M, Swindlehurst A L. A vector-perturbation technique for near-capacity multiantenna multiuser communication-Part I: channel inversion and regularization [J]. IEEE Transactions on Communication, 2005, 53(1): 195-202.

[22] Sampath H, Stoica P, Paulraj A. Generalized linear precoder and decoder design for MIMO channels using the weighted MMSE criterion [J]. IEEE Transactions on Communication, 2001, 49(12): 2198-2206.

[23] Spencer Q H, Swindlehurst A L, Haardt M. Zero-forcing methods for downlink spatial multiplexing in multiuser MIMO channels [J]. IEEE Transactions on Signal Processing, 2004, 52(2): 461-471.

[24] Pan Z, Wong K K, Ng T S. Generalized multiuser orthogonal space-division multiplexing[J]. IEEE Transactions on Wireless Communication, 2004, 3(6): 1969-1973.

[25] Ding Y W, Davidson T N, Luo Z Q, K. M. Wong. Minimum BER block precoders for zero-forcing equalization[J]. IEEE Transactions on Signal Processing, 2003, 51(9): 2410-2423.

[26] Scaglione A, Stoica P, Barbarossa S, et al. Optimal designs for space-time linear precoders and equalizers [J]. IEEE Transactions on Signal Processing, 2002, 50(5): 1051-1064.

[27] Palomar D P, Cioffi J M. Lagunas A. Joint Tx-Rx beamforming design for multicarrier MIMO channels: A unified framework for convex optimization [J]. IEEE Transactions on Signal Processing, 2003, 51(9): 2381-2401.

[28] Harashima H, Miyakawa H. Matched-transmission technique for channels with inter symbol interference [J]. IEEE Transactions on Communications, 1972, 20(4): 774-780.

[29] Fischer R F H, Windpassinger C, Lampe A, et al. Space-Time transmission using Tomlinson-Harashima precoding [C]. The 4th International ITG Conference on Source and Channel Coding, Berlin, 2002: 139-147.

[30] Windpassinger C, Fischer R F H, Vencel T, et al. Precoding in multiantenna and multiuser communications [J]. IEEE Transactions on Wireless Communication, 2004, 3(4): 1305-1315.

[31] Joham M, Brehmer J, Utschick W. MMSE approaches to multiuser spatio-temporal Tomlinson-Harashima precoding [C]. The 5th International ITG Conference on Source and Channel Coding, Erlangen, Germany, 2004: 387-394.

[32] Kusume K, Joham M, Utschick W, et al. Efficient Tomlinson-Harashima Precoding for spatial multiplexing on flat MIMO channel [C]. The 2005 IEEE International Conference on Communications, Seoul Korea, 2005, 3: 2021-2025.

[33] Yao H, Wornell G W. Lattice-reduction-aided detectors for MIMO communication systems [C]. IEEE Global Telecommunications Conference, Taiwan, 2002: 17-21.

[34] Fischer R F H, Windpassinger C. Improved MIMO precoding for decentralized receivers resembling concepts from lattice reduction [C]. IEEE Global Telecommunications Conference, San Francisco, USA, 2003: 1852-1856.

[35] Liu F, Jiang L G, He C. Lattice-reduction-aided MMSE Tomlinson-Harashima precoding for MIMO systems[J]. IEICE Transactions on Communication, 2007, E90-B(7): 1872-1875.

[36] Liu F, Jiang L G, He C. Low complexity lattice reduction aided MMSE precoding design for MIMO

systems [C]. International Conference on Communications and Networking in China, 2007:498-502.

[37] Stankovic V, Haardt M. Successive optimization Tomlinson-Harashima precoding (SO THP) for multi-user MIMO system [C]. The 2005 IEEE International Conference on Acoustics, Speech, and Signal Processing, Philadelphia, 2005: 1117-1121.

[38] Zhang J, Kavcic A, Wong K M. Equal-Diagonal QR decomposition and its applications to precoder design for successive-cancellation detection [J]. IEEE Transactions on Information Theory, 2005, 51(1):154-172.

[39] Jiang Y, Li J, Hager W W. Uniform channel decomposition for MIMO communications [J]. IEEE Transactions on Signal Processing, 2005,53 (11):4283-4294.

[40] Jiang Y, Hager W W, Li J. Tunable channel decomposition for MIMO communications using channel state information [J]. IEEE Transactions on Signal Processing, 2006,54(11):4405-4418.

[41] Shenouda M B, Davidson T N. A framework for designing MIMO systems with decision feedback equalization or Tomlinson-Harashima precoding [J]. IEEE Journal Selected Areas in Communication, 2008, 26(2):401-411.

[42] D'Amico A A. Tomlinson-Harashima Precoding in MIMO systems: a unified approach to transceiver optimization based on multiplicative schur-convexity [J]. IEEE Transactions on Signal Processing, 2008, 56(8):3662-3677.

[43] Hochwald B M, Peel C B, Swindlehurst A L. A vector-perturbation technique for near-capacity multiantenna multiuser communication-part II: perturbation [J]. IEEE Transactions on Communications, 2005, 53(3):537-544.

[44] Yuen C, Hochwald B M. How to gain 1. 5 dB in vector precoding [C]. IEEE Global Telecommunications Conference, San Francisco, USA, 2006:1-5.

[45] Schmidt D, Joham M, Utschick W. Minimum mean square error vector precoding [C]. The International Symposium on Personal, Indoor, Mobile and Radio Communications, Berlin, Germany, 2005, 1:107-111.

[46] Kim E Y, Chun J. Optimum vector perturbation minimizing total MSE in multiuser MIMO downlink [C]. The IEEE International Conference on Communications, Glasgow, Scotland, 2007:4241-4247.

[47] Windpassinger C, Fischer R F H, Huber J B. Lattice-reduction-aided broadcast precoding [J]. IEEE Transactions on Communication, 2004, 52(12):2057-2060.

[48] Liu F, Jiang L G, He C. Low complexity MMSE vector precoding using lattice reduction for MIMO systems [C]. The IEEE International Conference on Communications, Glasgow, Scotland, 2007:2598-2603.

[49] Dabbagh A D, Love D J. Precoding for multiple antenna broadcast channels with channel mismatch [C]. Fortieth Asilomar Conference on Signals, Systems & Computers, Pacific Grove, Oct. 2006:1601-1605.

[50] Bizaki H K, Falahati A. Tomlinson-Harashima precoding with imperfect channel state information [J]. IET Communication, 2008, 2(1): 151-158.

[51] Huang M, Zhou S D, Wang J. Analysis of Tomlinson-Harashima precoding in multiuser MIMO systems with imperfect channel state information [J]. IEEE Transactions on Vehicular Technology, Sept. 2008, 57(5): 2856-2867.

[52] Payaro M, Neira A P. Achievable rates for generalized Tomlonson-Harashima in spatial precoding MIMO system [C]. IEEE Vehicular Technology Conference, Los Angeles, 2004,4:2462-2466.

[53] Bahng S, Lira J. The effects of channel estimation on Tomlinson-Harashima precoding in TDD MIMO

system [C]. The IEEE 6th Workshop on Signal Processing Advances in Wireless Communications, New York: IEEE, 2005: 455-459.

[54] Hunger R, Dietrich F A, Joham M. Robust transmit zero-forcing filters [C]. Proc. ITG Workshop on Smart Antennas, Munich, Germany, 2004: 130-137.

[55] ZHang X, Palomar D P, Ottersten B. Robust design of linear MIMO transceiver under channel uncertainty [C]. The 2006 IEEE International Conference on Acoustics, Speech, and Signal Processing, Toulouse, France : IEEE, May 2006, 4: 77-80.

[56] Ding M H, Blostein S D. MIMO minimum total MSE transceiver design with imperfect CSI at both ends[J]. IEEE Transactions on Signal Processing, 2009, 57(3): 1141-1150.

[57] Rappaport T S. Wireless communications: Principles and Practice [M]. 2nd ed. Upper Saddle River, NJ: Prentice-Hall, 2002.

[58] 张贤达,保铮. 通信信号处理[M]. 北京:国防工业出版社,2000.

[59] Proakis J G. Digital communications [M]. 4th ed. New York: McGraw-Hill, 2000.

[60] Viswanath P, Tse D N C. Sum capacity of the vector Gaussian broadcast channel and uplink-downlink duality [J]. IEEE Transactions on Information Theory, 2003, 49(8): 1912-1921.

[61] Caire G, Shamai S. On the achievable throughput of a multiantenna Gaussian broadcast channel [J]. IEEE Transactions on Information Theory, 2003, 49(7): 1691-1706.

[62] Fischer R F H, Windpassinger C. Real- vs. complex-valued equalization in V-BLAST systems [J]. Electronics Letters, 2003, 39(5): 470-471.

[63] Haykin S S. Communication systems [M]. New York: Wiley, 2001.

[64] Windpassinger C. Detection and precoding for multiple input multiple output channels [D]. Erlangen: University of Erlangen-Nrnberg, 2004.

[65] Kannan R. Improved algorithms for integer programming and related lattice problems [C]. Proceedings of the 15th Annual ACM Symposium on Theory of computing, New York, 1983: 193-206.

[66] Kannan R. Minkowski's convex body theorem and integer programming [J]. Mathematics of Operations Research, 1987, 12(3): 415-440.

[67] Conway J H, Sloane N J A. Sphere packings, lattices and groups [M]. 3rd ed. New York: Springer, 1999.

[68] Agrell E, Eriksson T, Vardy A, et al. Closest point search in lattices [J]. IEEE Transactions on Information Theory, 2002, 48(8): 2201-2214.

[69] Lenstra A K, Lenstra H W, Lovász L. Factoring polynomials with rational coefficients [J]. Mathematische Annalen, 1982, 261: 515-534.

[70] Seysen M. Simultanelous reduction of a lattice basis and its reciprocal basis [J]. Combinatorica, 1993, 13(3): 363 376.

[71] Viterbo E, Biglieri E. A universal decoding algorithm for fading channels [J]. IEEE Transactions on Information Theory, 1999, 45(5): 1639-1642.

[72] Schnorr C P, Euchner M. Lattice basis reduction: improved practical algorithms and solving Subset Sum Problems [J]. Springer Computer Science, 1991: 68-85.

[73] Taherzadeh M, Mobasher A, Khandani A K. Communication over MIMO broadcast channels using lattice-basis reduction [J]. IEEE Transactions on Information Theory, 2007, 53(12): 4567-4582.

[74] 耿烜,蒋铃鸽,何晨. 基于减格算法的多用户 MIMO 下行链路预编码系统的性能研究[C]. 2008 通信理论与信号处理年会,郑州:电子工业出版社,2008: 9-17.

[75] Babai L. On Lovasz's lattice reduction and the nearest lattice point problem [J]. Combinatorica, 1986,

6(1):1-13.

[76] Joham M, Brunner B, et al. Point-to-point MIMO MMSE vector precoding and THP achieving capacity [C]. The 2008 IEEE International Conference on Acoustics, Speech, and Signal Processing, Las Vegas:IEEE, 2008:2925-2928.

[77] 耿烜,蒋铃鸽,何晨. 一种针对减格矢量预编码的可调量化误差校正方法[J]. 上海交通大学学报, 2009, 43(7):1155-1160.

[78] Sooyoung H, Namshik K, Hyuncheol P, et al. Enhanced lattice-reduction-based precoder with list quantizer in broadcast channel [C]. IEEE Vehicular Technology Conference. Baltimore, 2007:611-615.

[79] Jiang Y, Hager W W, Li J. The geometric mean decomposition [J]. Linear Algebra and its Applications, 2005, 396:373-384.

[80] Liu F, Jiang L G, He C. Joint MMSE vector precoding based on GMD method for MIMO systems[J]. IEICE Transactions on Communications,2007,E90-B(9):2617-2620.

[81] 耿烜,蒋铃鸽,何晨. MIMO系统中基于几何均值分解的矢量预编码研究[J]. 通信学报,2008, 29(7): 88-93.

[82] Chae C B, Shim B, Robert W H. Block diagonalized vector perturbation for multiuser MIMO systems [J]. IEEE Transactions on Wireless Communication, 2008, 7(11): 4051-4057.

[83] Park J Y, Lee B, Shim B. A MMSE vector precoding with block diagonalization for multiuser MIMO downlink [J]. IEEE Transactions on Wireless Communication, 2012, 60(2):569-577.

[84] Bahng S, Lira J. The effects of channel estimation on Tomlinson-Harashima precoding in TDD MIMO system [C]. IEEE the 6th Workshop on Signal Processing Advances in Wireless Communications, New York, 2005:455-459.

[85] Fischer R F H, Windpassinger C, Lampe A, et al. Tomlinson- Harashima precoding in space-time transmission for low-rate backward channel [C]. Proceedings of International Zurich Seminar Broadband Communications, Zurich, Switzerland,2002, 7:1-6.

[86] Geng X, Jiang L G, He C. Robust design for generalized vector precoding by minimizing MSE with imperfect channel state information [J]. Chinese Journal of Electronics(English. Edition), 2010, 38(3):503-506.

[87] Zhang X, Palomar D P, Ottersten B. Statistically robust design of linear MIMO transceivers[J]. IEEE Transactions on Signal Processing, 2008, 56(8): 3678-3689.

[88] Ding M H. Multiple-input multiple-out wireless system designs with imperfect channel knowledge [D]. Kingston: Queen's University, 2008.

[89] Simeone O, Ness Y B, Spagnolini U. Linear and nonlinear preequalization/equalization for MIMO systems with long-term channel state information at the transmitter [J]. IEEE Transactions on Wireless Communication, 2004, 3(2): 373-378.

[90] Hunger R, Joham M, Utschick W. Extension of linear and nonlinear transmits filters for decentralized receivers [C]. The 11th European Wireless Conference, Nicosia, Cyprus, 2005,1: 40-46.

[91] Fischer R F H. Precoding and signal shaping for digital transmission [M]. New York: Wiley, 2002.

[92] Shiu D, Foschini G J, Gans M J, et al. Fading correlation and its effect on the capacity of multielement antenna systems [J]. IEEE Transactions on Communication, 2000,48(3): 502-513.

[93] Serbetli S, Yener A. MMSE transmitter design for correlated MIMO systems with imperfect channel estimates: Power allocation trade-offs [J]. IEEE Transactions on Wireless Communication, 2006, 5(8):2295-2304.

[94] Hassibi B, Hochwald B M. How much training is needed in multiple-antenna wireless links [J]. IEEE Transactions on Information Theory, 2003, 49(4): 951-963.

[95] Xu F, Davidson T N, Zhang J K, et al. Design of block transceivers with decision feedback detection [J]. IEEE Transactions on Signal Processing, 2006, 53(3): 965-978.

[96] Weyl H. Inequalities between the two kinds of eigenvalues of a linear transformation [C]. Proceedings of the National Academy of Sciences, 1949, 35:408-411.

[97] Horn R A, Johnson C R. Matrix analysis [M]. Cambridge: Cambridge University Press, 1985.

[98] Geng X, He C, Sun Z L. Tomlinson-Harashima precoding minimizing total MSE with transmitter spatial correlation [J]. The Jounral of China University of Posts and Telecommunications, 2012, 19(6):19-24.

[99] 耿烜,何迪. 基于非理想信道状态信息的最小化 MSE 非线性收发机设计[J]. 上海交通大学学报,2012,46(11):1806-1810.

[100] Chan S S, Davidson T N, Wong K M. Asymptotically minimum BER linear block precoders for MMSE equalization [C]. IEE Proceedings on Communication, 2004,151(4):297-304.

[101] 3GPP Coordinated multi-point operation for LTE physical layer aspects [R], TR 36. 819 v11. 0. 0, 3GPP, 2011.

[102] Foschini G J, Karakayali K, Valenzuela R A. Coordinating multiple antenna cellular networks to achieve enormous spectral efficiency [C]. IEE Proceedings on Communications, 2006, 153(4): 548-555.

[103] Hardjawana W, Vucetic B, Li Y H. Multi-user cooperative base station systems with joint precoding and beamforming [J]. IEEE Journal of Selected Topics in Signal Processing, 2009, 3(6): 1079-1093.

[104] Choi L U, Murch R D. A transmit preprocessing technique for multiuser MIMO systems using a decomposition approach [J]. IEEE Transactions on Wireless Communication,2004, 3(1): 20-24.

[105] Liu W, Ng S X, Hanzo L. Multicell cooperation based SVD assisted multi-user MIMO transmission [C]. Proc. IEEE Veh. Technol. Conf. (VTC), 2009.

[106] Zhang R. Cooperative multi-cell block diagonalization with per-base-station power constraints [J]. IEEE Journal on Selected Areas in Communications, 2010, 28(9): 1435-1445.

[107] Boccardi F, Huang H. Optimum power allocation for the MIMO BC zero-forcing precoder with per-antenna power constraints [C]. Information Sciences and Systems, 2006 40th Annual Conference on, Princeton, NJ, 2006.

[108] Wiesel A, Eldar Y, Shamai S. Zero-forcing precoding and generalized inverses [J]. IEEE Transactions on Signal Processing, 2008, 55(9):4409- 4418.

[109] 刘乃金. 多小区 MIMO 系统中干扰抑制技术的研究[D]. 合肥:中国科学技术大学,2007.

[110] Bogale T E, Vandendorpe L. Robust Sum MSE Optimization for Downlink Multiuser MIMO Systems With Arbitrary Power Constraint: Generalized Duality Approach [J]. IEEE Transactions on Signal Processing, 2012, 60(4): 1862 - 1875.

[111] Gesbert D, Kiani S G, Gjendemsj A, et al. Adaptation, coordination, and distributed resource allocation in interference-limited wireless networks [C]. Proceedings of the IEEE, 2007, 95(5): 2393-2409.

[112] Choi W, Andrews J G. The Capacity Gain from Intercell Scheduling in Multi-Antenna Systems[J]. IEEE Transactions on Wireless Communication, 2008, 7(2): 714-725.

[113] Dahrouj H, Yu W. Coordinated beamforming for the multicell multi-antenna wireless system [J]. IEEE Transactions on Wireless Communication,2010, 9(5): 1748-1759.

[114] Huang Y, Zheng G, Bengtsson M, et al. Distributed multicell beamforming design with limited intercell coordination [J]. IEEE Transactions on Signal Process,2011, 59(2):728-738.

[115] Venturino L, Prasad N, Wang X D. Coordinated linear beamforming in downlink multi-cell wireless networks [J]. IEEE Transactions on Wireless Communication, 2010,9(4):1451-1461.

[116] Misun Y, Myoung S K, Chungyong L. Decentralized Precoding Algorithm with Weighted SLNR for Limitedly Coordinated Network [J]. IEEE Communications Letters, 2012,16(3):318-320.

[117] Tuan A L, Nakhai M R, Coordinated Beamforming using Semidefinite Programming [C]. IEEE International Conference on Communications (ICC), 2012, Ottawa, ON: IEEE, 2012:3790-3794.

[118] 林敏. MIMO通信系统中的下行链路空间联合处理技术研究[D]. 南京:东南大学,2009.

[119] Yu W, Kwon T, Shin C Y. Multicell coordination via joint scheduling, beamforming and power spectrum adaptation [C]. INFOCOM, 2011 Proceedings IEEE, Shanghai 2011:2570-2578.

[120] Ye S, Blum R S. Optimized signaling for MIMO interference systems with feedback [J]. IEEE Transactions on Signal Processing,2003,51:2939-2848.

[121] Lee B O, Je H W, Shin O S, et al. A novel uplink MIMO transmission scheme in a multicell environment[J]. IEEE Transactions on Wireless Communication, 2009,8: 4981-4987.

[122] Ho W W L, Quek T Q S, Sun S M, et al. Decentralized precoding for multicell MIMO downlink[J]. EEE Transactions on Wireless Communication, 2011, 10(6): 1798-1809.

[123] 仲崇显. 多用户 MIMO-OFDM 系统中的资源分配与多小区协作研究[D]. 南京:东南大学,2009

[124] Zhang R, Hanzo L. Joint and distributed linear precoding for centralised and decentralised multicell processing [C]. Vehicular Technology Conference Fall (VTC 2010-Fall), Ottawa, ON, 2010: 1-5.

[125] Lee B O, Shin O, Lee K B. Distributed MIMO precoding strategies in a multicell environment [J]. IEEE Communication Letters, 2011, 15(9): 938-940.

[126] Huang J, Berry R A, Honig M L. Distributed interference compensation for wireless networks [J]. IEEE Journal on Selected Areas in Communication,2006, 24(5): 1074-1084.

[127] Shi C, Berry R A, Honig M L. Monotonic convergence of distributed interference pricing in wireless networks [C]. Proceedings on IEEE ISIT, Seoul, Korea, 2009.

[128] Kim S J, Giannakis G B. Optimal resource allocation for MIMO ad hoc cognitive radio networks [C]. Communication, Control, and Computing, 2008 46th Annual Allerton Conference on, Urbana-Champaign, USA, 2008.

[129] Christensen S S, Agarwal R, Carvalho E D, et al. Weighted sum-rate maximization using weighted MMSE for MIMO-BC beamforming design [J]. IEEE Transactions on Wireless Communication, 2008, 7(12):1-7.

[130] Schmidt D, Shi C, Berry R A, et al. Minimum mean squared error interference alignment [C]. Signals, Systems and Computers, 2009 Conference Record of the Forty-Third Asilomar Conference on, USA, 2009.

[131] Shi Q J, Razaviyayn M, Luo Z Q, et al. An Iteratively weighted MMSE approach to distributed sum-utility maximization for a MIMO interfering broadcast channel [J]. IEEE Transactions on on Signal Processing. 2011, 59(9): 4331-4340.

[132] Tolli A, Pennanen H, Komulainen P. Decentralized minimum power multi-cell beamforming with limited backhaul signaling [J]. IEEE Transactions on Wireless Commun., 2011,10(2):570-580.

[133] Pennanen H, Tolli A, Latva-aho M. Decentralized Coordinated Downlink Beamforming via Primal Decomposition [J]. IEEE Signal Processing Letters, 2011,18(11):647-650.

[134] Endeshaw T, Vandendorpe L. Sum rate optimization for coordinated multi-antenna base station

systems [C]. IEEE International Conference on Communications (ICC), Kyoto, Japan: IEEE, 2011: 1-5.

[135] Bogale T E, Vandendorpe L. Weighted Sum Rate Optimization for Downlink Multiuser MIMO Coordinated Base Station Systems: Centralized and Distributed Algorithms [J]. IEEE Transactions on Signal Processing, 2012, 60(4):1876-1889.

[136] Hyun-Joo C, Seok-Hwan P, Sang-Rim L, et al. Distributed Beamforming Techniques for Weighted Sum-Rate Maximization in MISO Interfering Broadcast Channels [J]. IEEE Transactions on Wireless Communications, 2012, 11(4):1314-1320.

[137] Seok-Hwan P, Haewook P, Hanbae K, et al. New Beamforming Techniques Based on Virtual SINR Maximization for Coordinated Multi-Cell Transmission [J]. IEEE Transactions on Wireless Communications,2012, 11(3): 1034-1044.

[138] Joonwoo S, Jaekyun M. Weighted-Sum-Rate-Maximizing Linear Transceiver Filters for the K-User MIMO Interference Channel [J]. IEEE Transactions on Communications, 2012,60(10):2776-2783.

[139] Tajer A, Prasad N, Wang X D. Robust Linear Precoder Design for Multi-Cell Downlink Transmission [J]. IEEE Transactions on Signal Processing, 2011, 59(1):235-251.

[140] Björnson E, Gan Z, Bengtsson M, et al. Robust Monotonic Optimization Framework for Multicell MISO Systems [J]. IEEE Transactions on Signal Processing, 2012, 60(5): 1-16.

[141] Maruta K, Ohta A, Iizuka M, et al. Iterative Inter-Cluster Interference Cancellation for Cooperative Base Station Systems [C]. Vehicular Technology Conference (VTC Spring), Yokohama:IEEE,2012: 1-5.

[142] Tadilo E B, Luc V. Robust transceiver optimization for downlink coordinated base station systems: distributed algorithm [J]. IEEE Transactions on Signal Processing, 2012,60(1): 337-350.

[143] Hoon H, Antonia M T, Giuseppe C. Network MIMO With Linear Zero-Forcing Beamforming: Large System Analysis, Impact of Channel Estimation, and Reduced-Complexity Scheduling [J]. IEEE Transactions on Information Theory, 2012,58(5):2911-2934.

[144] Lakshminarayana S, Debbah M, Assaad M. Asymptotic analysis of downlink multi-cell systems with partial CSIT [C]. International Symposium on Information Theory Proceedings, St. Petersburg, IEEE,2012:1307-1311.

[145] Wild T. Comparing downlink coordinated multi-point schemes with imperfect channel knowledge [C]. Vehicular Technology Conference (VTC Fall), San Francisco, CA: IEEE, 2011:1-5.

[146] 邹应全,李春国,赵睿,等. 多小区 MIMO 系统中的分布式预编码研究[J]. 仪器仪表学报, 2010, 31(12):2821-2827.

[147] 解培中,郑宝玉,岳文静. 多小区多用户无线网络下行链路协同波束成形设计[J]. 通信学报,2012, 33(7):191-198.

[148] Chao S, Tsung-Hui C, Kun-Yu W, et al. Distributed Robust Multicell Coordinated Beamforming With Imperfect CSI: An ADMM Approach [J]. IEEE Transactions on Signal Processing, 2012, 60(6):2988-3003.

[149] Yongming H, Zheng G, Bengtsson M. Distributed Multicell Beamforming Design Approaching Pareto Boundary with Max-Min Fairness [J]. IEEE Transactions on Wireless Communications, 2012, 11(8):2921-2933.

[150] Shengqian H, Chenyang Y. Coordinated Multi-point Transmission with Non-ideal Channel Reciprocity [C]. wireless Communications and Networking Conference, Shanghai: IEEE, 2012: 952-957.

[151] Binbin D, Wei X, and Chunming Z. Optimal MMSE Beamforming for Multiuser Downlink with

Delayed CSI Feedback Using Codebooks [C]. Global Telecommunications Conference (GLOBECOM 2011), Houston, TX, USA: IEEE,2011:1-5.

[152] Huan S, Wei F, Jianguo L, et al. Performance Evaluation of CS/CB for Coordinated Multipoint Transmission in LTE-A Downlink C]. 23rd International Symposium on Personal Indoor and Mobile Radio Communications, Sydney, NSW: IEEE, 2012: 1061-1065.

[153] Gao Y, Li Y, Yu H Y, et al. System Level Performance of CoMP IR-HARQ over X2 Interface in 3GPP LTE-Advanced System [C]. Communications 9th International Conference on, Bucharest, Romania, 2012:177-180.

[154] Chae C B, Kim, S H, Heath R W. Network Coordinated Beamforming for Cell-Boundary Users: Linear and Nonlinear Approaches [J]. IEEE Journal of Selected Topics in Signal Processing, 2009, 3(6):1094-1105.

[155] Zhang R. Cooperative Multi-Cell Block Diagonalization with Per-Base-Station Power Constraints [C]. IEEE Wireless Communications and Networking Conference (WCNC), Sydney Australia: IEEE, 2010: 1-6.

[156] Schubert M, Boche H. Iterative multiuser uplink and downlink beamforming under SINR constraints [J]. IEEE Transactions on Signal Processing, 2005, 54(7): 2324-2334.

[157] Yu W, Lan T. Transmitter optimization for the multi-antenna downlink with per-antenna power constraints[J]. IEEE Transactions on Signal Processing, 2007, 55(6): 2646-2660.

[158] Wiesel A, Eldar Y C, Shamai S S. Linear precoding via conic optimization for fixed MIMO receivers [J]. IEEE Transactions on Signal Processing,2006, 54: 161-176.

[159] Ng B, Evans J, Hanly S, et al. Distributed downlink beamforming with cooperative base stations [J]. IEEE Transactions on Information Theory, 2008, 54(12): 5491-5499.

[160] Song B,Cruz R, Rao B. Network duality for multiuser MIMO beamforming networks and applications [J]. IEEE Transactions on Communication, 2007,55(3): 618-630.

[161] Yates R. A framework for uplink power control in cellular radio systems [J]. IEEE Journal on Selected Areas Communication,1995, 13(7): 1341-1347.

[162] Foschini G J, Miljanic Z. A simple distributed autonomous power control algorithm and its convergence[J]. IEEE Transactions on Vehicle Technology, 1993, 42(4): 641-646.

[163] Choi W,Andrews J G. Downlink performance and capacity of distributed antenna systems in a multicell environment [J]. IEEE Transactions on Wireless Communication, 2007, 6(1): 69-73.

[164] Papadogiannis A, Gesbert G, Hardouin E. A dynamic clustering approach in wireless networks with multi-cell cooperative processing [C]. IEEE International Conference Communication, Beijing, China: IEEE, 2008:4033-4037.

[165] Venkatesan S. Coordinating base stations for greater uplink spectral efficiency in a cellular network [C]. The 18th Annual IEEE International Symposium on Personal, Indoor and Mobile Radio Communications, Athens, Greece:IEEE,2007.

[166] Boccardi F, Huang H. Limited downlink network coordination in cellular networks [C]. The 18th Annual IEEE International Symposium on Personal, Indoor and Mobile Radio Communications, Athens, Greece:IEEE, 2007.

[167] Zhang J, Chen R, Andrews J G. Networked MIMO with clustered linear precoding [J]. IEEE Transactions on Wireless Communications, 2009(8):1910-1921.

[168] Zhou S, Gong J, Niu Z, et al. A decentralized framework for dynamic downlink base station cooperation [C]. Global Telecommunications Conference, Honolulu, HI :IEEE, 2009:1-6.

[169] Moon J M, Cho D H. Efficient Cell-Clustering Algorithm for Inter-Cluster Interference Mitigation in Network MIMO Systems [J]. IEEE Communications Letters, 2011, 15(3): 326-328.

[170] Levy N, Shitz S S. Clustered Local Decoding for Wyner-Type Cellular Models [J]. IEEE Transactions on Information Theory, 2009, 55(11): 4967-4985.

[171] Huh H, Moon S H, Kim Y T, et al. Caire. Multicell MIMO downlink with cell cooperation and fair scheduling: A large system analysis [J]. IEEE Transactions on Information Theory, 2011, 57(12): 7771-7786.

[172] Katranaras E, Imran M, Hoshyar R. Sum-rate of linear cellular systems with clustered joint processing [C]. Vehicular Technology Conference-VTC 2009, Anchorage, Alaska: IEEE, 2009, 8(4):1910-1921.

[173] Liu F, Jiang LG, He C. Advanced joint transceiver design for block-diagonal geometric-mean-decomposition-based multiuser MIMO systems [J]. IEEE Transactions on Vehicular Technology, 2010,59(2): 692-703.

[174] Wong K K, Murch R D, Cheng R S, et al. Optimizing the spectral efficiency of multiuser MIMO smart antenna systems [C]. IEEE Wireless Communications and Networking Conference, Chicago, 2000, 1:426-430.

[175] Zhang J F, Wu Y L,Zhou S D,et. al. Joint linear transmitter and receiver design for the downlink of multiuser MIMO systems [J]. IEEE Communications Letters, 2005, 9(11):991-993.

[176] Tolli A, Codreanu M, Juntti M. Linear cooperative multiuser MIMO transciever design with per BS power constraints [C]. IEEE International Conference on Communications, Glasgow, Scotland, 2007.

[177] Tarighat A, Sadek M, Sayed A H. A multi user beamforming scheme for downlink MIMO channels based on maximizing signal-to-leakage ratios [C]. IEEE International Conference on Acoustics, Speech, and Signal Processing, 2005, 3:1129-1132.

[178] 魏宁,李少谦,岳钢. LTE-A 中协同多点传输的联合处理预编码方法[J]. 中兴通讯技术,2010,16(1):37-40.

[179] Zhang H Y, Mehta N B, Molisch A F, et al. Asynchronous interference mitigation in cooperative base station systems [J]. IEEE Transactions on Wireless Communications,2008,7(1):155-165.

[180] Zhang H, Li Y. Clustered OFDM with adaptive antenna arrays for interference suppression[J]. IEEE Transactions on Wireless Communications, 2004, 3(6): 2189-2197.

[181] Lee B O, Je H W, Sohn I, et. al. Interference-aware decentralized precoding for multicell MIMO TDD systems [C]. IEEE Global Telecommunications Conference, New Orleans: IEEE, 2008:4472-4476.

附录一 符号表

符号	解释
$\mathbb{Z}$	整数集
$\mathbb{R}$	实数集
$\mathbb{C}$	复数集
$(\cdot)^{H}$	矩阵或向量的共轭转置
$(\cdot)^{T}$	矩阵或向量的转置
$(\cdot)^{-1}$	矩阵的逆
$(\cdot)^{\dagger}$	矩阵的伪逆
$\boldsymbol{I}_M$	$M\times M$ 的单位矩阵
$\lvert\cdot\rvert$	标量 x 的绝对值
$\lVert\cdot\rVert$	矩阵或向量的 F 范数
$\mathrm{tr}(\cdot)$	矩阵的迹
$\det(\cdot)$	矩阵的行列式
$\mathrm{rank}(\cdot)$	矩阵的秩
$\mathrm{diag}(\cdot)$	向量构成对角矩阵的对角元素
$ceil(\cdot)$或$\lceil\cdot\rceil$	大于等于自变量的最小整数值
$floor(\cdot)$或$\lfloor\cdot\rfloor$	小于等于自变量的最大整数值
$\mathbb{Q}(\cdot)$	四舍五入量化
$E(\cdot)$	统计平均
$\mathcal{R}\{\cdot\}$	取元素的实部
$\mathcal{J}\{\cdot\}$	取元素的虚部
mod	模操作
$N_c(0,\sigma_n^2)$	均值为 0，方差为 σ_n^2 的复高斯分布
$\max(\cdot)$	取最大值
$\min(\cdot)$	取最小值
$\log(\cdot)$	取对数
$[\cdot]_+$	取元素或者零的最大值
$(\cdot)^{\perp}$	矩阵或向量的正交集
$(\cdot)\cap(\cdot)$	两个集合的交集
$\overline{(\cdot)}$	元素的补集
$\mathbf{A}\succ=\mathbf{0}$	矩阵 $\mathbf{A}$ 为半正定矩阵

附录二 英文缩略词表

简称	全称	解释
3G	3rd Generation Mobile Communicaiton Systems	第三代移动通信系统
3GPP	3rd Generation Partnership Project	第三代合作伙伴计划
4G	4th Generantion Mobile Communication Systems	第四代移动通信系统
AMPS	Advanced Mobile Phone System	北美移动电话系统
ASK	Amplitude-shift Keying	幅度键控
B3G	Beyond 3G	后 3G 移动通信系统
BC	Broadcast Channel	广播信道
BD	Block Diagonal	块对角化
BER	Bit Error Rate	误码率
CB	Coordinated Beamforming	协作波束成形
CCI	Co-Channel Interference	共信道干扰
CDF	Cumulative Distribution Function	累积概率密度函数
CDMA	Code Division Multiple Access	码分多址
CoMP	Coordinated of Multi-Point	协作多点
CQI	Channel Quality Information	信道信息质量
CSI	Channel State Information	信道状态信息
CS	Coordinated Scheduling	协作调度
CU	Control Unit	控制单元
D-AMPS	Digital-Advanced Mobile Phone System	数字 AMPS 系统
DPC	Dirty Paper Code	脏纸编码
DSTBC	Differential Space Time Block Code	差分空时块编码
EDGE	Enhanced Data rate for GSM Evolution	增强型数据速率 GSM 演进
FDD	Frequency Division Duplexing	频分双工
FDMA	Frequency Division Multiple Access	频分多址
GMD	Geometric Mean Decomposition	几何均值分解

GPRS	General Packet Radio Service	通用分组无线业务
GSM	Global System for Mobile Communications	全球移动通信系统
GTD	General Triangular Decomposition	一般三角分解
ISI	Intersymbol Inerference	符号间干扰
JT	Joint Transmission	联合传输
KZ	Korkine-Zolotareff	KZ 格基规约
LLL	Lenstra, Lenstra and Lovász	LLL 格基规约
LR	Lattice Reduction	格基规约
LSTC	Layered Space Time Code	分层空时码
LTE	Long Term Evolution	长期演进计划
LTE-Advanced	Long Term Evolution-Advanced	LTE 后续演进
MAC	Multiple Access Channel	多址接入信道
MIMO	Multiple Input Multiple Output	多输入多输出
MISO	Multiple Input Single Output	多输入单输出
ML	Maximum Likelihood	最大似然
MMSE	Minimum Mean Square Error	最小均方误差
MSE	Mean Square Error	均方误差
NMT	Nordic Mobile Telephone	北欧行动电话系统
OFDM	Orthogonal Frequency Division Multiplexing	正交频分复用
PDC	Personal Digital Cellular	个人数字蜂窝电话
PDF	Probability Distribution Function	概率密度函数
QAM	Quadrature Amplitude Modulation	正交幅度调制
QoS	Quality of Service	服务质量
QPSK	Quadrature Phase Shift Keying	正交相移键控
SAGE	Space-Alternating Generalized Expectation-maximization	空间交替广义期望最大化
SDMA	Space Division Multiple Access	空分多址
SDP	Semidefinite Programming	半正定规划
SIMO	Single Input Multiple Output	单输入多输出

SINR	Signal to Interference plus Noise Ratio	信干噪比
SISO	Single Input Single Output	单输入单输出
SLNR	Signal Leakage Noise Ratio	信泄噪比
SNR	Signal Noise Ratio	信噪比
SO	Successive Optimization	连续优化
STBC	Space Time Block Code	空时编码
STTC	Space Time Trellis Code	空时格形码
SVD	Singular Value Decomposition	奇异值分解
TACS	Total Access Communication System	全接入通信系统
TCD	Tunable Channel Decomposition	可调信道分解
TDD	Time Division Duplexing	时分双工
TDMA	Time Division Multiple Access	时分多址
TD-SCDMA	Time Division Synchronous Code Division Multiple Access	时分同步的码分多址
THP	Tomlinson-Harashima Precoding	TH 预编码
UCD	Uniform Channel Decomposition	均匀信道分解
USTC	Unitary Space Time Code	酉空时编码
VBLAST	Vertical Bell Labs Layered Space-Time	垂直贝尔实验室分层空时
VP	Vector Precoding	矢量预编码
WCDMA	Wideband Code Division Multiple Access	宽带码分多址
ZF	Zero Forcing	迫零
ZF-BF	Zero-Forcing Beamforming	迫零波束成形